凝煉知識品味閱讀

專利法

蔡明誠——著

五南圖書出版公司 印行

序言

專利法，相較於民法與刑法，是相對新穎之法律領域，但經過工業革命與資訊化發展，科技展現新的面貌，而保護科技成果之專利法，在現今社會更形重要，甚至有人將科技專利認爲富國強兵之法。又由於專利法之適用範圍，從比較法觀察，有如美國專利法，將之適用於發明、設計與植物專利，而德國與日本法，則將之分立爲三法，即發明、新型與設計。由此可見，專利法所得適用之類型，在外國立法例上，並非有一定體例，我國專利法採類似美國三合一立法，但卻有德日立法例之新型專利類型，而未明定植物專利類型。本書主要探討核心議題，在於發明專利，至於新型與設計亦會論及，但其若干內容得準用發明專利規定，因此，探討發明專利爲主，但讀者可就個別情形，如未特別說明時，請能舉一反三，妥爲運用於新型與設計。

本書原屬經濟部智慧財產局委託國立臺灣大學科際整合法律學研究所執行智慧財產培訓學院計畫所撰寫之教材。初版發行後，雖曾修訂再刷發行，但由於其中專利法又經修正，因此有需要再修訂。出版之際，除感謝經濟部智慧財產局與臺大及參與相關計畫與活動之朋友們外，承蒙五南公司概允出版，深感榮幸，並致謝意！最後，期待讀者不吝指教，讓我有繼續改進之機會！

蔡明誠

2023年6月謹識於臺大

目錄

序

第一章
概　論

一、前言

在人類社會受法律保護的利益中，雖以有形的財產法益（例如房地產、汽機車及電腦等）較爲常見，但是隨著科技進步、經濟成長及社會變遷等因素，逐漸將人類無形的精神創作成果作爲法律保護對象，構成智慧財產（或稱無體財產或無形資產）[1]，則成爲現代社會法律的特色之一。人類創作智慧之成果，如何受到智慧權法之保護，業已爲各國及國際組織所重視之議題，並期各國法律予以諧和化，甚至更能達到國際區域的整合（例如歐洲聯盟）或世界「統一法」的境界。在其規範對象及種類方面，更有逐漸擴大的趨勢（例如植物品種、積體電路電路布局、化學品與醫藥品等物質發明、生物材料、基因操控之植物及動物、具技術性質之電腦程式或軟體、AI（人工智慧）、3D列印（3D Printing）、氣候變遷與技術、營業秘密、著作名稱及商品或服務表徵等）。其中的專利法亦屬智慧權法學研究之主要對象，更隨著科技進步，越凸顯該法之重要性。本書主要介紹的對象，則針對我國專利法之規範目的與內容，以期有助於認識及運用我國專利法。

---

[1] 民事訴訟法上有稱爲資產，即所謂資產，並不以有形財產爲限，無形財產如專利權、商標權，既得以之讓與、授權他人實施或設定質權，而有客觀交換價值存在，自屬資產之一種。至於其價值如何，法院應以原告提供之證據爲裁量之基準（參照最高法院96年度台抗字第771號民事裁定）。

二、專利法在智慧權法體系中之地位

有關智慧權之分類，除傳統的著作權、專利權與商標權外，隨著科技進步、經濟發展及社會變遷，即產生新興受保護權利或法律，因此，本書參酌1883年保護工業財產權巴黎同盟公約對「工業財產權」見解及1967年於瑞典斯德哥爾摩（Stockholm）簽署世界智慧財產權組織（WIPO）設立公約，對「智慧財產權」用語定義，其所採廣義看法，而試圖示如下頁圖，以資參考。

由下圖可知，智慧權類別涵蓋甚廣，本書難以透過有限篇幅加以詳述，茲於下頁圖表列明，並宜注意者，發明專利權係特定的發明權益歸屬於特定權利主體；著作權爲特定精神創作（geistige Schöpfung）歸屬於特定權主體，其衍生直接支配性（即積極利用權）與絕對排他性（即禁止權）。至於「不公平競爭防止法」，質言之，未賦予排他權，而是防制市場上不公平的「客觀的規則」（Objektive Regeln）[2]。

[2] 德國有認爲不公平競爭防止法，不屬於「工業財產權法」，採此見解者，如Fritz Rittner, Wettbewerbs- und Kartellrecht, 3. neubearb. Aufl., Heidelberg: Müller, Jur. Ver. l., 1989, §1 C II 2. 不過，因巴黎公約採取廣義解釋，所以不公平競爭之防止，包括在產業財產權（或稱工業財產權或工業所有權）之範圍內。另有與卡特爾法（Kartellrecht）相關之不正競爭法（Lauterkeitsrecht）歸屬於產業權利保護法（Recht des geweblichen Rechtsschutzes）（即所謂產業（工業）財產法）。與發明專利、新型、設計（昔稱新式樣）及標章權（Markenrecht）等，亦歸屬於無體財產權（Immaterialgüterrecht）（參照Volker Emmerich, Unlauter Wettbewerb, 9. Aufl., München: Beck, 2012, §1 Rn. 4.）。在日本，有將知的財產法，包括不正競爭防止法，參照田村善之，「知的財產法」，東京：有斐閣，2010年5月30日5版1刷，頁1。

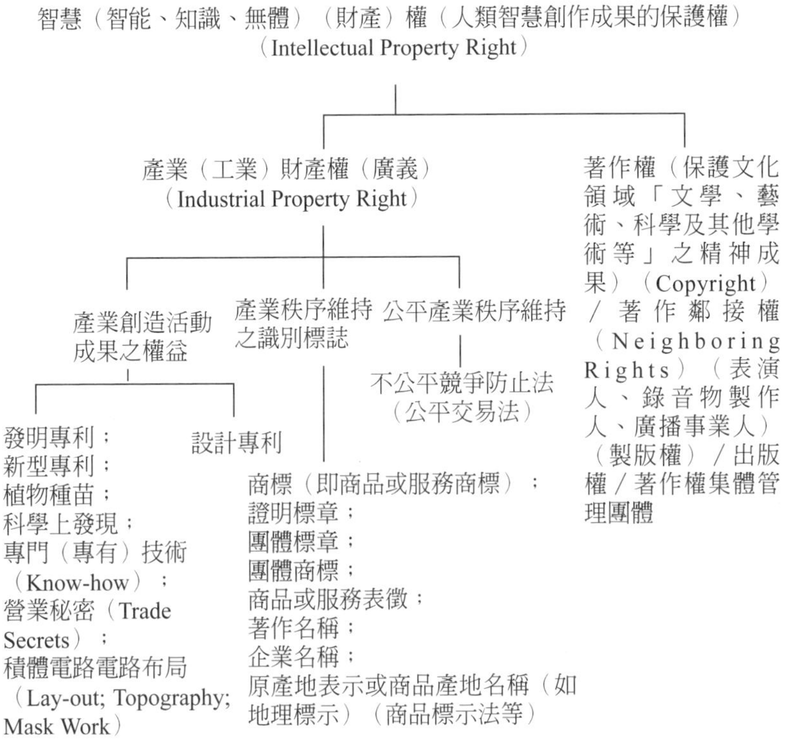

智慧（智能、知識、無體）（財產）權（人類智慧創作成果的保護權）
（Intellectual Property Right）

產業（工業）財產權（廣義）
（Industrial Property Right）

產業創造活動成果之權益

發明專利；
新型專利；
植物種苗；
科學上發現；
專門（專有）技術（Know-how）；
營業秘密（Trade Secrets）；
積體電路電路布局（Lay-out; Topography; Mask Work）

設計專利

產業秩序維持之識別標誌

商標（即商品或服務商標）；
證明標章；
團體標章；
團體商標；
商品或服務表徵；
著作名稱；
企業名稱；
原產地表示或商品產地名稱（如地理標示）（商品標示法等）

公平產業秩序維持

不公平競爭防止法
（公平交易法）

著作權（保護文化領域「文學、藝術、科學及其他學術等」之精神成果）（Copyright）／著作鄰接權（Neighboring Rights）（表演人、錄音物製作人、廣播事業人）（製版權）／出版權／著作權集體管理團體

專利法與商標、著作權之區別，以下比較表，以供參考：

	專利法			商標	著作權	公平法（不公平競爭）
	發明	新型	設計			
	發明	小發明	平面圖案、立體形態 Patterns/models			
保護標的	物、方法	物品之形狀、構造或組合	物品之形狀、花紋、色彩或組合	商品或服務之標識、證明、團體標章物品之標識	著作人格精神	產業競爭秩序公平性之維持

<table>
<tr><th></th><th colspan="2">技術成果</th><th>視覺創作</th><th>廣告成果</th><th>創作成果</th><th>企業成果</th></tr>
<tr><td>權利發生之性質（權利取得公平程序）</td><td colspan="3">發明及設計：程序＋實質要件（審查程序）
2004年7月1日起新型改採形式審查
新型：程序＋形式審查</td><td>形式權</td><td>實質權（不須註冊或申請）</td><td>實質權（商品或服務表徵[a]</td></tr>
<tr><td rowspan="2">保護要件</td><td>新穎性；產業利用性</td><td>同左</td><td>新穎性；創作性；產業利用性</td><td>識別性</td><td>著作性（屬於文學、藝術等領域之創作；非被排除保護者）；原創性；創作性</td><td></td></tr>
<tr><td>進步性</td><td>進步性</td><td>適於美感？（1994年美感要件刪除）；視覺訴求（§121）</td><td></td><td>表現性：客觀化之表現形式</td><td></td></tr>
<tr><td rowspan="3">權利存續期間</td><td colspan="3">申請日起</td><td>註冊日起</td><td>終身後</td><td></td></tr>
<tr><td>20年</td><td>10年</td><td>15年</td><td rowspan="2">10年（得延展）</td><td rowspan="2">50年為原則終身加50年；例外50年[b]</td><td rowspan="2"></td></tr>
<tr><td colspan="3">在發明專利方面，例外：醫藥品、農藥品或其製法專利可能延長5年（§53）</td></tr>
<tr><td>權利效力範圍</td><td colspan="2">實施：製造
販賣、販賣之要約、使用[c]、進口</td><td>實施設計或近似該設計[d]？</td><td>同一或類似商品、商標之使用</td><td>重製權與無形公開再現為重心</td><td></td></tr>
<tr><td>權利正當行使義務</td><td colspan="2"></td><td></td><td></td><td></td><td>公平交易法（§45）[e]</td></tr>
</table>

權利效力之界線：強制授權合理使用及限制	強制授權	×	×	×	錄有音樂著作之銷售用錄音著作強制授權（§69）[f]	
	WTO/TRIPS第30條[3]			（描述性與指示性合理使用）（商標法§36I/1；WTO/TRIPS第17條）	合理使用（著作權法§65；WTO/TRIPS第13條（三步測試；three steps test）	×
權利侵害刑事制裁	無刑罰（除罪化）			非告訴乃論	告訴乃論例外：非告訴乃論（§100）	

a 有關商品表徵權之文獻，參照李美慧，「商品表徵權制度之研究」，國立臺灣大學法律學研究所碩士論文，1996年6月。

b 在著作權保護期間方面，我國著作權法對著作財產權的一般保護之期間，規定爲著作人終身加上50年（第31條）。期間計算方式，係以該期間屆滿當年之末日爲期間之終止（第35條）。攝影、視聽、錄音及表演及法人爲著作人之著作財產權爲特別保護之期間，即50年（參照第33條及第34條）。

c 在專利權的限制方面，從無體財產權之法性格而言，與一般有體物（動產或不動產）具有物理上存在不同，其可同時爲數人利用，並因其屬觀念上存在，易受他人模仿、冒用等侵害，但其侵害行爲的發現及認定，又相當困難。但爲保護此種人類精神及物質文化發展的創作成果，大多對創作人或權利歸屬主體，賦予絕對的排他權。但此種絕對的獨占權利，易造成經濟或文化獨占及壟斷，而有礙人類文化生活學習及進步，故各國專利法對此種具有無體財產權性格的專利權也賦予限制，但卻因對於發明人或創作人保護強度不同，而異其限制程度，換言之，限制專利權程度強，則對權

[3] WTO/TRIPS在發明專利權方面，會員得就發明專利權爲例外規定，但以其於考量第三人之合法權益下，並未不合理牴觸專屬權之一般使用，且未不合理侵害發明專利權人之合法權益者爲限。

利人保護，顯較爲減弱。

對專利權之內容及效力規定主要規定於第58條第1項規定之實施，原則上具有物之發明之製造、爲販賣之要約、販賣、使用及爲上述目的而進口該物之實施權利（第2項規定），另於第3項規定方法發明之實施。在專利權存續期間方面，特別規定延長保護期間，對醫藥品、農藥品或其製造方法發明專利權之實施，核准延長之期間，不得超過爲向中央目的事業主管機關取得許可證而無法實施發明之期間；取得許可證期間超過5年者，其延長期間仍以5年爲限（參照第53條）。至於專利權效力之限制，主要規定於第59條，其包含非出於商業目的之未公開行爲、以研究或實驗爲目的實施發明之必要行爲、申請前已在國內實施，或已完成必須之準備者、僅由國境經過之交通工具或其裝置、非專利申請權人所得專利權，因專利權人舉發而撤銷時，其被授權人在舉發前，以善意在國內實施或已完成必須之準備者、專利權人所製造或經其同意製造之專利物販賣後，使用或再販賣該物者。上述製造、販賣，不以國內爲限、專利權依第70條第1項第3款規定消滅後，至專利權人依第70條第2項回復專利權效力並經公告前，以善意實施或已完成必須之準備者等情事，則不爲專利權效力所及。

d 設計專利權人除本法另有規定者外，專有排除他人未經其同意而實施該設計或近似該設計之權（專利法第136條）。其中對設計專利之使用權，係1994年新增，新修正規定，改稱實施，仍沿用舊法之權利內容，如此規定與日本意匠法第2條第3款及第23條規定所稱「實施」包括「使用」行爲之立法例相似。惟考諸GATT的TRIPS第26條規定，並非所有的利用（或使用）均爲設計專利法所禁止。因此，我國將「使用」權歸屬專利權人，而未區分是否爲個人或營利目的之使用，故尚有商榷之處。

e 公平交易法第45條規定係爲調和智慧財產權人之保障與公平交易秩序之維護兩者間所生之衝突。因此，主管機關基於職權認定何謂「行使權利之正當行爲」，不但須考量智慧財產權人之利益，亦須顧及自由公平競爭環境之維護與社會公益之平衡（參照最高行政法院95年度判字第1003號判決）。

f 按著作權之性質，其爲具有社會拘束的權利（Sozialgebundenes Recht），帶有公益色彩，故不應於公眾符合一定條件時，仍阻礙其接觸該文化財，因此，各國著作權法或多或少規定著作權之限制，最常見者，即合理使用（參照著作權法第65條）。台灣1992年著作權法修正中有關「合理使用」（fair use; fair dealing）的問題，由於新舊法間在此部分的修正，不論是法條數量或規範內容，爲數甚多，此是新修正法的特色之一。該法將「合理使用」規定指稱爲「著作財產權之限制」（limitations）（第44條至第66條），可見該修正法採較狹義的概念，不包括保護期間（第30條至第35

條）、錄有音樂著作之銷售用錄音著作發行滿6個月之強制授權許可（第69條至第71條）、主體（如對外國人的保護問題）及標的（第9條）等限制，而僅指「合理使用」，如此似將著作權的限制規定得太狹隘，實不無商榷之處。

三、專利制度之法源

(一) 法律：專利法

1944年5月29日，國民政府依我國歷年公布之「獎勵工藝品暫行條例」、「特種工業獎勵法」及「工業提倡獎勵辦法」等法規，並參酌英、美、德、日等國專利制度[4]，以及國內學術團體及專家之意見，在重慶公布第一部以「專利法」稱呼之專利母法[5]。但中國大陸時期，1912年「獎勵工藝品暫行章程」（共13條），通說認爲其是最早的專利法[6]。

在台灣施行之專利法制，日治時期適用日本特許法、意匠法（即設計法）[7]及實用新案法（即新型法）[8]，現行法制則主

---

[4] 外國及國際專利制度發展史，參照曾陳明汝著、蔡明誠續著，「兩岸暨歐美專利法」，新學林，2009年1月修訂3版，頁4以下。

[5] 參照專利法規大事紀，http://www.tipo.gov.tw/patent/patent_law/past/patent_law_5_1.asp（最後瀏覽日期：2004年10月9日）。

[6] 參照宋光梁，「專利概論」，臺灣商務，1977年3版，頁18；何孝元，「工業所有權之研究」，三民，1991年，頁9；秦宏濟，「專利制度概論」，1945年重慶商務版，1988年台北重刊，頁17。

[7] 日本於明治32年6月21日敕令第290號公布「特許法意匠法及商標法施行台灣件」，特許法意匠法及商標法於明治32年7月1日施行（參照台灣總督府編纂，「台灣法令輯覽」，東京：帝國地方行政學會，1923年8月13日發行，頁124）。

[8] 日本於明治38年6月30日敕令第190號公布「實用新案法施行台灣件」，並於明治38年7月1日施行參照台灣總督府編纂，同前註，頁136。

要根據大陸時期之前述之專利法。專利法之法律名稱，係源自於1944年公布，並於1949年1月1日施行的專利法，全文共133條。該法係根據歷年公布之獎勵工藝品暫行條例、特種工業獎勵法及工業提倡獎勵辦法等改進，且參酌英、美、德、捷、義、日本、蘇聯、瑞士、印度、荷蘭等十國專利法制，及英、德、日等國文字參考，並就當時條例及專利法重要問題，徵詢國內學術團體及專家核示意見後制定[9]。其主要包括三類專利，即凡新發明之具有工業上價值者，依本法得申請專利，其專利期間爲15年；凡對於物品之形狀、構造或裝置，首先創作合於適用之新型者，得依本法申請專利，其專利期間爲10年；凡對於物品之形狀、花紋或色彩，首先創作適於美感之新式樣者，得依本法申請專利，其專利期間爲5年。如前述1939年修正「獎勵工業技術暫行條例」，亦肯定發明新型及新式樣三合一專利法之立法形式。

之後，我國專利法之修正，有係因應國內實務之需要，亦有是來自國際之要求或期待，例如1986年修正專利法，開放化學品、醫藥品及其用途准予專利。在修正歷程上，有下列修正：

1. 1959年1月22日總統令修正公布。
2. 1960年5月12日總統令修正公布。
3. 1979年4月16日總統令修正公布。

[9] 有關1944年專利法草案，經濟部於1942年8月印行極具研究價值之立法理由，參照蘇良井編著，「最新商標專利法令判解實用」，自版，1974年，頁372以下；李茂堂，「專利法實務」，健行文化，1997年，頁495以下。

4. 1986年12月24日總統令修正公布。
5. 1994年1月21日總統令修正公布。
6. 1997年5月7日總統令修正公布，2002年1月1日施行。
7. 2001年10月24日總統令修正公布。
8. 2003年1月3日立法院三讀通過，2003年2月6日總統令修正公布，除第11條自公布日施行外，其餘條文之施行日期，由行政院定之（2004年7月1日施行）。
9. 2010年8月25日修正公布，2010年9月12日施行。
10. 「專利法修正草案」於2009年12月3日行政院院會通過，12月11日函請立法院審議、立法院經濟委員會2011年4月6日審議「專利法修正草案」審查報告、立法院於2011年11月29日三讀通過「專利法」修正案：相關專利法修正草案總說明、專利法修正草案條文對照表及專利法修正草案中英對照版，請參照智慧局網站[10]。經行政院核定於2013年1月1日施行[11]。
11. 因應立委及學者修法倡議，於2013年5月31日立法院三讀通過，同年6月11日公布修正第32條第1項及第2項[12]、第41條

[10] http://www.tipo.gov.tw/ch/AllInOne_Show.aspx?path=2769&guid=45f2e9ed-6a50-488e-8514-47a78e3cc320&lang=zh-tw（最後瀏覽日期：2012年7月30日）。

[11] 另因配合公平交易委員會更名，中華民國101年2月3日行政院院台規字第1010122318號公告100年12月21日修正前之第76條第2項、100年12月21日修正尚未施行之第87條第2項第3款所列屬「行政院公平交易委員會」之權責事項，自101年2月6日起改由「公平交易委員會」管轄。

[12] 增訂第1項規定，申請人應於申請時分別聲明，其就相同創作，同日分別申請發明專利及新型專利。又相同發明分別申請發明專利及新型專利，而選擇發明專利，專利法規定新型專利視為自始不存在，修正改採「權利接續制」，以保障專利申請人之權益。

第3項及第4項[13]、第97條第1項第3款[14]及第2項[15]、第116條[16]及第159條第2項[17]規定。

12. 於2014年1月22日修正公布第143條條文；增訂第97條之1至第97條之4條文；施行日期，由行政院定之（2014年3月24日行政院院臺經字第1030013303號令發布定自2014年3月24日施行）[18]。

---

[13] 由於本法第32條對於相同發明分別申請發明專利和新型專利，改採權利接續制，對於發明專利公告之前他人之實施行爲，如果可以同時主張補償金與新型專利權之損害賠償，將造成重複。爰於第3項規定新增但書，要求專利申請人於補償金和新型專利權損害賠償間擇一行使。第4項增訂「第一項」之文字。原條文漏未規定同屬補償金請求權之「第一項」，顯屬立法疏漏，爰補充規定之。

[14] 現行第3款之損害賠償計算方式，係以「相當於授權實施該發明專利所得收取之權利金數額爲所受損害」，此等規定恐使侵害行爲人無意願先行取得授權，蓋因專利權侵害而以合理權利金法計算之損害賠償數額，同於事前取得授權之權利金數額。

[15] 2011年11月29日修正前之專利法第85條第3項原有懲罰性損害賠償規定，惟專利專責機關認爲其與我國損害賠償制度有別，因而刪除。刪除之立法理由如下：「現行條文第三項刪除。懲罰性賠償金係英美普通法之損害賠償制度，其特點在於賠償之數額超過實際損害之程度，與我國一般民事損害賠償係採損害之塡補不同，爰將此規定刪除，以符我國一般民事損害賠償之體制。」鑑於智慧財產權乃無體財產權特性，損害賠償計算本有其困難，考量我國其他法規及國外立法例，建議增訂懲罰性損害賠償之規定。

[16] 由於新型專利採形式審查，未對是否合於專利要件進行實體審查，即賦予專利權，爲防止權利人濫發警告函，新型專利權利人進行警告時，有提示新型專利技術報告作爲客觀判斷資料之必要，惟其並非提起訴訟之前提要件。爲彰顯新型專利技術報告在行使新型專利權時之重要性，爰明定權利人如未提示新型專利技術報告，不得進行警告，以資明確。

[17] 第2項增訂。明定修正條文自公布日施行。即增訂：「本法中華民國一百零二年五月三十一日修正之條文，自公布日施行。」

[18] 此次2014年專利法之修正，主要係針對專利檔案之保存及管理（參照第143條），及專利權人對進口之物有侵害其專利權之虞者，得申請海關先予查扣，與被查扣人得提供第2項保證金二倍之保證金或相當之擔保，請求海關廢止查扣，並依有關進口貨物通關規定辦理。另海關如有第97條之2情形（例如申請人

13.於2017年1月18日令修正公布第22、59、122、142條條文；並增訂第57條之1條文；施行日期，由行政院定之（2017年4月6日行政院院臺經字第1060009562號令發布定自2017年5月1日施行）。

14.於2019年5月1日修正公布第29、34、46、57、71、73、74、77、107、118至120、135、143條條文；增訂第157條之2至第157條之4條文；施行日期，由行政院定之（2019年7月31日行政院院臺經字第1080023576號令發布定自2019年11月1日施行）。

15.2022年5月4日增訂公布第60條之1條文；施行日期，由行政院定之（2022年6月13日行政院院臺經字第1110017213號令發布定自民國111年7月1日施行）。

由上可知，現行專利法源自國民政府於1944年5月29日公布，並且於1949年1月1日施行之專利法。之後修正之目的，係為因應產業科技迅速發展、國際經濟情勢快速變遷，以及加強國際經貿關係及地位（例如加入GATT、與美國智慧財產權諮商及談判、強化對歐經貿關係），而希望修正成為一部符合國際水準的專利法。特別是為加入WTO，立法院於1997年4月15日三讀完成，5月7日總統令修正公布（另見第139條，由行政院定施行日期），並於2001年10月24日總統令修正公布，

就查扣物為侵害物所提訴訟經法院裁判駁回確定者；查扣物經法院確定判決，不屬侵害專利權之物者），應廢止查扣。此外，查扣物經法院確定判決不屬侵害專利權之物者，申請人應賠償被查扣人因查扣或提供第97條之1第4項規定保證金所受之損害。前述規定之申請查扣、廢止查扣、檢視查扣物、保證金或擔保之繳納、提供、返還之程序、應備文件及其他應遵行事項之辦法，由主管機關會同財政部定之（參照第97條之1至第97條之4）。

以及2002年1月1日行政院核定配合加入世界貿易組織之專利法部分條文施行。之後修正，例如2003年1月3日立法院三讀通過，值得留意者，分三階段生效，即就專利代理人部分，先使之生效（即第11條自公布日施行）。之後，新型及新式樣除罪化部分，第二階段生效施行，即2003年3月31日行政院臺經字第0920016719號令發布2003年2月6日修正公布「專利法」刪除現行之第83、125、126、128至131條，亦即專利法中廢除專利刑罰所刪除之條文，依前述行政院命令，修正新專利法部分，第二階段自2003年3月31日施行，侵害專利完全回歸民事救濟程序解決。最後，是第三階段，即大部分修正條文，2004年6月8日行政院臺經字第0930026128號令發布2003年2月6日修正公布之「專利法」，除第11條已自公布日施行、刪除條文自2003年3月31日施行外，其餘條文自2004年7月1日施行。

2011年修正通過之專利法，幅度甚大，條次亦有所調整，2013年、2014年亦有修正，本書將以修正內容爲藍本進行修訂。其修正要點主要在於：

1. 用語之釐清及修正：將發明、新型與設計併列爲創作之類型，變更新式樣專利名稱爲「設計專利」，以明確界定創作之定位。再者，增訂發明、新型及設計之「實施」之定義。將申請專利範圍及摘要獨立於說明書之外。
2. 適用範圍之擴大：修正於事實發生後6個月內申請發明及新型專利之優惠期適用範圍，由現行僅及於新穎性，修正爲包含新穎性及進步性（在設計專利者，爲創作性），擴大優惠期之適用範圍。

3. 醫藥品或農藥品之專利權期間延長規定之修正：刪除現行本法規定爲取得許可證無法實施發明之期間須於公告後2年以上之限制，增訂專利權屆滿時尚未審定者，其專利權期間視爲已延長。
4. 增訂並修正專利權效力不及之事項：例如增訂非出於商業目的之未公開行爲、專利權人依第70條第2項規定回復專利權效力並經公告前，以善意實施或已完成必須之準備者、以取得藥事法所定藥物查驗登記許可或國外藥物上市許可爲目的，而從事之研究、試驗及其必要行爲，均爲專利權效力不及之事項，且修正明確採行國際耗盡原則。
5. 授權規定之修正：將授權得爲專屬授權或非專屬授權，並就專屬授權之定義與專屬授權及非專屬授權之再授權增修規定，藉以明確界定專屬授權與非專屬授權之關係，俾利實務運用。
6. 強制授權制度之增修：將「特許實施」名稱修正爲「強制授權」，並配合世界貿易組織（WTO）爲協助開發中國家及低度開發國家取得所需專利醫藥品，以解決其國內公共衛生危機，強制授權生產所需之醫藥品，且明定適用本機制申請強制授權之範圍。
7. 有關專利侵權相關規定修正方面：明定損害賠償請求權及侵害排除防止請求權之規定；損害賠償之請求以侵權行爲人主觀上有故意或過失爲必要。另增訂得以合理權利金作爲損害賠償計算之方式，就權利人之損害設立法律上合理補償底限，並適度免除舉證責任之負擔。另爲釐清專利標示規定之用意，刪除未附加標示者，不得請求損害賠償之規定。此款修正後不久（如前所述），隨之又加以修正為：「依授權實施該發明專利所得收取之合理權利金為基礎計算損害。」

8. 在新型專利方面：就同一人於同日以相同創作，分別提出發明及新型專利申請者，增訂於發明核准審定前通知擇一之規定，選擇發明者，其新型專利自始不存在，選擇新型者，其發明不予專利（此於2013年已修正）。增訂新型修正明顯超出申請時之範圍者，作為不予專利之事由。修正新型專利權人行使權利應盡之注意義務，新型專利更正採行形式審查制，但與舉發案合併審查時，採實質審查並合併審定。
9. 在設計專利方面：開放設計專利關於部分設計、電腦圖像及使用者圖形介面設計（Icons & GUI）、成組物品設計之申請；新增衍生設計制度，並廢止聯合新式樣制度。
10. 增訂過渡條款：例如新增得主張優惠期之事由、發明專利初審核准審定後得提出分割申請、新型專利單純更正申請採形式審查、修正舉發、更正及設計專利相關規定等事項，因其屬於專利制度重大變革，所以增訂新舊法律過渡期間規定，以資適用[19]。

綜合觀察我國專利法制之起源與發展，我國專利法，頗具繼受法的特色。不論法律規定、學說及實務見解，往往受到外國立法例或國際條約發展之影響，甚至常受到國際

[19] 有關2011年修正專利法之重點及說明，參照http://www.tipo.gov.tw/ch/AllInOne_Show.aspx?path=2769&guid=45f2e9ed-6a50-488e-8514-47a78e3cc320&lang=zh-tw（最後瀏覽日期：2012年7月30日）。

趨勢之衝擊。發明專利法制，在國際間常有努力促成諧和（Harmonization）（或稱調和化）、全球化或全球諧和化的發展。從19世紀末的巴黎公約以來，已成爲國際智慧權國際化之焦點。近來，又因全球化議題[20]，另可稱之爲「全球諧和化」。此發展趨勢，不論我們接受或不接受，其已成國際爭議[21]，在研習專利法，應隨時注意國際發展，藉以掌握國際專利法之演變與轉型趨勢，以使我國專利立法更臻國際水準[22]。

專利法不但具有確認及保護專利權之專利實體法之性質，同時亦具備實現專利權之專利程序（手續）法之性質。2008年7月1日我國成立智慧財產法院，爲實現智慧權之法律保護制度之健全，邁向全新之一大步。使智慧權保護程序，將過去

---

20 *See* Sell, Susan K., Private Power, Public Law: The Globalization of Intellectual Property.

21 例如Campbell, Randy L., Global Patent Law Harmonization: Benefits and Implementation, 13 Ind. Int'l & Comp. L. Rev., 2003, p. 605.

22 在國際專利法方面，主要是世界智慧財產權組織（WIPO）所掌理的國際專利或相關智慧權相關條約，分爲三類。以下舉專利有關者爲例：智慧權保護條約（Intellectual Property Protection Treaties）：第一類的一般性質之條約，作爲會員國之基礎標準公約，如世界智慧財產權設立公約。

全球保護體系條約（Global Protection System Treaties）：此屬於第二類，爲確保國際註冊或申請得以施行於各會員國，例如發明有關之專利合作條約、設計（昔稱新式樣）有關海牙寄存公約、專利法條約（Patent Law Treaty）。

分類條約（Classification Treaties）：第三類也是最後一類，即有關發明、設計（昔稱新式樣）及商標之商品或服務之國際分類條約，例如專利國際分類之史特拉斯堡公約。

此外，台灣加入相關組織，則是世界貿易組織（WTO），該組織前身是GATT（General Agreementon Tariffsand Trade）；嗣後改組爲「世界貿易組織」，訂定貿易有關智慧財產權協定（所謂TRIPS）。我國經過多年努力，終於2002年1月1日加入該組織。因此在解釋我國專利法時，應留意TRIPS之規定。

普通法院與行政法院兩軌制，得以整合在智慧財產法院[23]。因此，探討專利法之法源時，應注意智慧財產法院組織及審理之相關法規，以期更周延認識專利法。

惟因應社會發展，依2020（109）年1月15日智慧財產及商業法院組織法（96年3月28日公布、109年1月15日修正）第1條規定，爲保障智慧財產權，優化經商環境，妥適處理智慧財產及商業案件，促進國家科技與經濟發展等目的，將商業法院與智慧財產法院合併設置（依據109年8月3日司法院院台廳司一字第1090022071號令發布定自110年7月1日施行），由智慧財產及商業法院之專業司法人員妥適審理商業案件，以優化經商環境，促進國家經濟發展。該法第2條規定商業法院掌理之事務範圍，即智慧財產及商業法院依法掌理下列事務：一、智慧財產之民事、刑事及行政訴訟；二、商業之民事訴訟與非訟事件。2023年2月15日智慧財產案件審理法修正（同年8月3日施行），修正幅度甚大，除了強化營業秘密保護外，就智慧財產民事事件，擴大採強制律師代理，引進審理計畫制度，集中審理案件。又爲促進審理效能，針對申請專利範圍之文義解釋，法院得公開部分心證與判斷等。此次修正後，另應注意專利法相關之修正。

有關專利權有效性及侵害等爭議，原則上將由智慧財產及商業法院管轄。又當事人主張或抗辯專利權有應撤銷、廢止之原因者，法院應就其主張或抗辯有無理由自爲判斷，不適用民

---

[23] 相關智慧財產法院之資訊，參照http://210.69.124.203/ipr_internet/（最後瀏覽日期：2008年7月28日）。

事訴訟法、行政訴訟法、商標法、專利法、植物品種及種苗法或其他法律有關停止訴訟程序之規定。前項情形，法院認有撤銷、廢止之原因時，專利權人（智慧財產權人）於該民事訴訟中不得對於他造主張權利[24]。

(二) 法規命令與行政規則

研習我國專利法規，除專利法本身規定外，另如其他行政機關基於法律授權，對多數不特定人民就一般事項所作抽象之對外發生法律效果之法規命令（參照行政程序法第150條第1項），以及行政規則，即指經濟部智慧財產局，依其權限或職權爲規範機關內部秩序及運作，所爲非直接對外發生法規範效力之一般、抽象之規定，特別是爲統一解釋主管之法令、認定事實，及行使裁量權，而訂頒之解釋性規定及裁量基準（參照行政程序法第159條）。

前述所稱法規命令及行政規則，與專利法構成一套專利法規範體系。除有關專利審查基準[25]外，尚包括專利法施行細則、專利規費收費辦法、專利年費減免辦法、專利權期間延長核定辦法、專利以外文本申請實施辦法、發明創作獎助辦法、

---

[24] 參照智慧財產案件審理法第16條。

[25] 專利審查基準之法律地位及性質，頗值得探討。最高法院曾有判決認爲：「專利審查基準爲專利專責機關智慧財產局規範內部審查作業而依職權所頒訂之非直接對外發生效力之一般、抽象規定，屬於行政規則，雖基於行政自我拘束原則，僅拘束專利審查機關，惟於未牴觸法律，亦未對人民自由權利增加法律所無之限制時，仍得作爲法官審判之參考。」（參照最高法院100年度台上字第480號民事判決）由此判決可見，專利審查基準之性質，屬於非直接對外發生效力之行政規則，但仍得作爲法官審判之參考。

有關專利申請之生物材料寄存辦法、專利電子申請及電子送達實施辦法、專利閱卷作業要點、臺日優先權證明文件電子交換作業要點、臺日專利程序上生物材料寄存相互合作作業要點、臺英專利程序上生物材料寄存相互合作作業要點、臺韓專利程序上生物材料寄存相互合作作業要點、經濟部智慧財產局專利案面詢作業要點、經濟部智慧財產局專利案勘驗作業要點、發明專利申請案第三方意見作業要點、大陸地區人民申請專利及商標註冊作業要點等命令及行政規則，宜注意其於實務上之運用。

(三) 條約及外國法之適用問題

我國簽署之雙邊條約（如「中美友好通商航海條約」）及多邊條約（如世界貿易組織「與貿易有關之智慧財產權協定」（WTO / TRIPS）（台灣於2002年1月1日加入世界貿易組織）。實務上是否可以直接適用於個案？例如有關年費繳交之問題，有人主張基於平等互惠原則給予專利權人之完整有效、公正合理之保障專利權，從而應參照美國專利法規於加倍補繳期滿後，再賦予上訴人24個月之年費補繳期間。最高行政法院判決認為：

「按國際法與國內法為平行之法律體系，且均為行政法之法源；惟國際法要成為行政法之法源，並非毫無限制，必須條約或協定明定其內容，始可直接引用作為法規適用。或將條約、協定內容，透過國內法規之訂定，訂定於相關法規，才能有效執行外，必須司法審判機關採用，作為判決先例。一般而言，於國際法與國內法衝突時，國際法之效力應優先於國內法；但其應具上開要件，始有優先於國內法適用之餘地。我國與美國固簽訂友好通商航海條約，該條約第9條固規定：『締約此方之國民、法人及團體，締約彼此領土內，其發明、商標及商號之專用權，依照依法組成之官廳現在或將來所施行關於登記及其他手續之有關法律規章（倘有此項法律規章時），應予以有效之保障；……』。惟此『有效之保障』並未明定於該條約，亦未訂定於相關法規，更未經本院判決先例採用，各級行政法院自無依上訴人之主張，直接適用美國專利法第41條第(c)項第(1)款之規定：

『若因不可避免之事由致無法於第(b)項所定之六個月緩衝期內繳納權利維護費用時，得於緩衝期滿後二十四個月內繳納維護費用，該專用權年費視爲未逾期繳納』之餘地。我國專利法第86條（按：此爲舊專利法）規定：

『發明專利年費之繳納，任何人均得爲之。未於應繳納專利年費之期間內繳費者，得於滿六個月內補繳之。但其年費應按規定之年費加倍繳納。』及專利法第70條第3款之規定：『專利年費逾補繳期而仍不繳費時，專利權自原繳費期限屆滿之次日消滅』與美國專利法第41條第(c)項第(1)款規定不符，因美國專利法未具前開國際法成爲行政法法源之要件，即無優先於我國專利法第86條及第70條第3款效力，行政法院自無引用之必要。從而，原審法院認上訴人誤解條約義務與國際規約，不應再賦予上訴人二十四個月之年費補繳期間，於法並無違誤。又我國雖已簽署『與貿易有關之智慧財產權公約』，其第四部分第42條第4項雖規定：『有關取得或維持智慧財產權之程序，及會員國法律所提供之行政廢止及當事人間程序

（諸如異議、撤回，及取消等）等等之此類程序，應符合第41條第2項及第3項之規定。』該公約第41條（本條與此問題何干）規定：『有關智慧財產權之實行程序應公正平等，其不應有不必要之複雜、昂貴、不合理之限定繼承之時間限制，或無根據的拖延。』惟上開規定並未明定美國人在我國取得專利權可不適用專利法第86條、第70條第3款規定，而應直接適用前開美國專利法第41條第(c)項第(1)款規定。」（參照最高行政法院93年度判字第281號判決）。就前開事件，於臺北高等行政法院90年度訴字第6246號判決亦認爲，按國際間所謂平等互惠、公正合理原則仍須建立在國家主權獨立與法律自主之基礎上，而非如原告所稱基於「中美友好通商航海條約」即逕以美國法規適用於我國境內，此之所以國際間復有國民待遇與最惠國待遇兩項原則之產生。

以上實務見解，對於國際條約所定之原則及外國法之直接適用，採取較保留態度，應予以留意。

第二章
專利法之規範客體與專利之分類

專利法第2條規定，所稱專利分為下列三種：

一、發明專利：發明指利用自然法則之技術思想之創作（第21條）。

二、新型專利：新型指利用自然法則之技術思想，對物品之形狀、構造或組合之創作（第104條）。

三、設計專利：設計，指對物品之全部或部分之形狀、花紋、色彩或其結合，透過視覺訴求之創作。應用於物品之電腦圖像及圖形化使用者介面，亦得依專利法申請設計專利（參照第121條）。

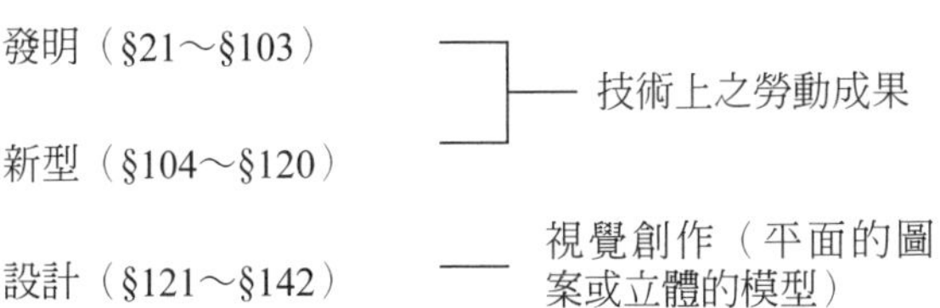

發明專利權的客體是發明（Erfindung），指一種技術行為規則（Regel für Technisches Handeln），有四個要素構成發明，即技術課題（Aufgabe）的提出、就此問題提出「非顯而易知」的解答、產生某種作為發明內容的「準則」（Lehre），以及具備發明的再現可能性

（Wiederholbarkeit）[1]。發明專利法與新型法一樣，均在保護技術的發明，通常將之歸爲「技術保護權法」，藉確保發明人就一定期間享有產業上排他的利用發明之權，惟新型法的發明較爲「迷你」，故有稱後者爲「小發明」（Kleine Erfindung）或「小專利」（Ein Kleines Patent）。

一、發明專利之意義、類型及保護要件

(一) 發明專利之意義

專利法第21條規定，所稱發明者，謂利用自然法則之技術思想之創作，因此，發明意義，須具有技術性特徵所創造之發明概念（den vom Merkmal der Technizität geprägten Erfindungsbegriff）[2]，依前開規定，其欲解決（具體）技術問題及所提出技術之手段或法則，須符合「利用自然法則」及「技術思想」之要件：

1. 利用自然法則

所謂的「自然法則」，係指在自然界依經驗所發現的法則，例如水往低處流，凡依一定原因而得發生一定結果之經驗法則均屬之，但基於人類精神、知能的活動或心理現象所產生之論理法則或心理法則，便非屬於此所謂自然法則。

---

1 類似用語，如稱之爲「反覆可能性」，常見於植物之培育方法，只要有客觀的實驗，能證明其具有反覆可能性，甚至不必有很高的成功機率，也會被認爲有反覆可能性。參照劉國讚，「專利實務論」，元照，2009年4月，頁88。

2 參照Melullis, in: Benkard, Europäisches Patentübereinkommen 3. Auflage 2019 -beck-online, EPÜ Art. 52（Patentierbare Erfindungen；可專利性之發明）Rn. 54.

利用自然法則之應具有「再現可能性」，也就是說，發明者以外具備相同知識之第三者，若反覆實施相同技術手段，必定也會產生相同的結果。此外，發明尚必須具備「可實現性要件」（有稱爲實施可能性要件）（利用自然法則與可實現性係屬二事），使其他具備平均水準之專家不需要花費近似發明活動所需之勞力、時間、費用或過度實驗，即得實現該發明。

2. 技術思想

技術係指爲達成一定目的之具體手段，亦即利用可支配之自然力，以達成因果關係上可預見之成果，技術與技能不同，其具有客觀性，得作爲一種知識而傳達給他人，只要發明人指出實現系爭發明之關鍵方向，使該領域平均水準之專家無須支出近似發明活動所需要勞力、時間、費用，即可以達到相同之目的，則該項發明所包含之技術即具備客觀性。

技術思想，係發明定義之重要判斷要素。申請專利之發明是否符合發明之定義，應考量申請專利之發明內容，並非申請專利範圍之記載形式，據以確認發明之整體是否具有技術性（technical character）。考量申請專利之發明中所揭露解決問題之手段，手段具有技術性[3]時，始符合發明之定義。實務上，法院判決參考專利審查基準，認爲申請專利之發明如係利

[3] 參照智慧財產法院102年度民專上字第25號民事判決，就發明之定義，亦認爲申請專利之發明必須符合發明之定義，始爲專利法所規定之發明，否則不得准予專利。專利法所指之發明必須具有技術性。且參考專利法未明定標準，即所謂「機器或轉換標準」（machine or transformation test），雖其認爲該標準非屬判斷商業方法是否符合專利適格之唯一判斷依據，然仍不失爲判斷商業方法是否符合專利適格即是否屬利用自然法則之技術思想。

用自然法則以外之規律者，諸如科學原理或數學方法、遊戲或運動之規則或方法、方法或計畫，或必須藉助人類推理力、記憶力等心智活動始能執行之方法或計畫，則不具有技術性，不符合發明之定義[4]。

我國專利法不保護發現，但區別發現與發明之差異，有時並不甚容易。因爲「發明」本身是一個相當抽象的不確定概念，在什麼樣的情況下，可以稱之爲「發明」，是不是所有人類智力所創造的事物，均可以屬於「發明」？似難完全依賴專利法抽象定義達到其明確區別之目的。有時更因技術進步（如生物科技發展），使「發現」與「發明」之界線，難以準確地釐清。例如用途發明專利（use patent），可能是因爲發現「新用途」，且此技術與其既有技術產生獨特及不同突出的特徵，似不純屬於「發現」，但是否達到發明其他要件之要求，則需要視個案加以認定，並隨科技進步，與時俱進以學說及實務運作加以調適而彈性處理爲宜，如此將有利於專利制度之長期發展，似較能維持專利制度之彈性運用，並因應近年來技術激烈革新，以期專利法所稱發明定義，得以與時俱進[5]。

---

4 參照智慧財產法院109年度行專訴字第53號判決；2021（110）年7月14日修訂施行之第二篇發明專利實體審查。

5 參照楊崇森，「專利法理論與應用」，2021年2月修訂5版1刷，頁63-64、69以下、81。實務上有將用途發明，列入方法發明之概念中。例如經濟部智慧財產局2002年5月15日函，發明係利用自然法則所產生的技術思想，表現在物或方法或物的用途上者，其保護之標的可爲「物」、「方法」，其中「物」包括物品（有一定空間形態）、物質（包括化學品、醫藥品、飲食品、嗜好品）與微生物（有生命的物質），而「方法」則包括製造方法、工作方法、使用方法（用途）。惟日本實務上用途發明，以限定用途之化學物質（例如自A化合物而成之殺蟲劑），如不該當於化學物質本體之發明，則可能以用途發明申請發明專專利實務上，雖原則上不符合發明之定義，但有下列情形，可能例外認爲其屬專利法保護之發明：

(1) 化學物質於特定用途之發明即以其特性爲基礎，一旦發現其特性而利用於特定用途，亦可能以用途請求項申請保護。

(2) 如將所發現之特性付諸實際利用，利用該特性所得之物或方法，亦可能符合發明之定義。

(3) 雖因僅係發現已知材料之特性，並不符合發明之定義，但若利用該材料製成物品者，該物品之發明，亦可能符合發明之定義。

(4) 若首次由自然界分離所得之物，其結構、形態或其他物理化學性質與已知者不同，且能被明確界定者，該物本身及分離方法，亦可能符合發明之定義。例如發現自然界中存在之某基因或微生物，經由特殊分離步驟獲得該基因或微生物時，該基因或微生物本身亦可能符合發明之定義（參照2021（110）年7月14日修訂施行之第二篇發明專利實體審查）。

(二) 發明專利之類型

1. 物的發明與方法的發明

發明係利用自然法則所產生的技術思想，表現在物或方法或物的用途上發明。從其標的區分，可分爲「物」與「方

利，即不以化學物質本體爲對象，而限定於特定用途情形之用途發明（使用A化合物之殺害蟲之方法）（參照吉藤幸朔，「特許法概說」，東京：有斐閣，第9版增補，頁116）。

法」。

其中「物」包括物品（有一定空間形態）、物質（包括化學品、醫藥品、飲食品、嗜好品）與微生物（有生命的物質），而「方法」則包括製造方法、工作方法、使用方法（用途）[6]。有關用途發明之申請專利範圍，實務上原則上得以「應用」或「使用」爲申請標的，但因涉及各領域申請案件之適用問題，過去實務上有關生物相關發明之申請案仍應以「物」或「方法」爲申請標的[7]，自2004年7月1日起依經濟部智慧財產局頒布專利審查基準，將之開放得以「用途」、「應用」或「使用」爲申請標的。之後，2021（110）年7月14日修訂施行之第二篇發明專利實體審查，將發明專利分爲物之發明（例如螺絲等物品；例如化合物A等物質），與方法發明（即如「物的製造方法」，例如化合物A之製造方法或螺絲之製造方法等，與「無產物的技術方法」，例如空氣中二氧化硫之檢測方法或使用化合物等）。又此以「應用」、「使用」或「用途」爲標的名稱之用途請求項視同方法發明。例如「一種化合物A作爲殺蟲之用途（或應用、使用）」，視同「一種使用化合物A殺蟲之方法」（申請標的爲方法），而不解釋爲「一種作爲殺蟲劑之化合物A」（申請標的爲物）。

第104條規定，凡利用自然法則之技術思想，對物品之形狀、構造或組合之創作，得申請新型專利。第121條規定，設計，指對物品之全部或部分之形狀、花紋、色彩或其結合，透

6 經濟部智慧財產局91年5月15日智專字第0910004134-0號函。

7 經濟部智慧財產局92年4月3日智專字第09220335980號函。

過視覺訴求之創作。應用於物品之電腦圖像及圖形化使用者介面，亦得依本法申請設計專利。

將之與發明比較，發明專利所保護之標的最廣，包括「物」（包括三度空間之物品形式）及「方法」（包括時間因素在內之四度空間），新型專利則僅及於「物品」（三度空間）之形狀、內部構造及其組合，而設計專利所保護之標的，則以物品爲對象，而爲平面圖案（二度空間）或立體形態（三度空間）之外觀設計。

2. 原發明與改良發明

基礎性質之原發明，事後有所改良時，如符合專利要件，亦可另獨立申請專利，該發明成爲「改良發明」。如同屬一人所有，如符合國內優先權要件，可以主張優先權。如不屬於同一人者，則成爲「再發明」。如發明或新型專利權之實施，將不可避免侵害在前之發明或新型專利權，且較該在前之發明或新型專利權具相當經濟意義之重要技術改良，而有強制授權之必要者，可能構成強制授權之要件，專利專責機關得依申請強制授權（第87條第2項第2款、第120條準用新型專利）。

(三) 發明專利之要件與保護標的

申請專利者，係爲取得專利權之授予。一般言之，欲取得專利權，須具備一定保護要件。

舊專利法將發明專利之保護要件，規定於專利法第1條及第2條，導致新發明之要件，將發明標的與新穎性及進步性之要件，混合於「新發明」概念之中，雖有其時空上差異因素存在，難以論點其優劣，惟隨時代發展，過去法院以舊專利法為基礎之判決，除非有些法理或原則尚有參考價值以外，不宜再適用，換言之，適用發明專利要件，應使用現行專利法之法制用語為當。

專利法所謂專利保護要件，即具有可專利性之標的（Patentable Subject atter）。換言之，具有可專利性（patentability），或譯「專利能力」之發明（invention），須具備專利適格（為任何技術領域的物或方法發明）（any invention, whether products or processes, in all fields of techonology）與所謂「專利三性」〔新穎性（new; novelty）、進步性（inventive step; non-obviousness；有譯為非顯而易見性）及產業利用性（capable of industrial application; usefulness）〕等要件（參照Art. 27I TRIPS）[8]。

[8] 於美國專利法，文獻上將專利要件，分為發明與專利申請，專利申請須符合揭露要件（Disclosure Requirements）（35 U.S.C. §112(a)）〔又有三要件：可實現性（enablement）、最佳實施例（best mode）及發明書面說明（written description of the invention）〕。發明之專利要件，須符合法定適格標的（Statutory Subject Matter）與實用性（Utility），新穎性與非顯而易見性（參照Janice M. Mueller, Patent Law, Aspen Publishers, 2016, 5th ed., pp. 151-226, 227, 353, 431, 453）。另值得留意者，美國新修正Leahy- Smith America Invents Act（AIA）對於發明之新穎性及優先性，已從傳統上先發明優先制，轉為獨特混合之先發明人申請制（a unique hybrid first-inventor-to-file system）（參照Janice M. Mueller, ibid, p. 309）。又從英國1977年專利法及2000年歐洲專利公約規定可專利性（patentable），有五項限制：產業利用性、可專利標的（如人類及動物之醫療方法不予專利）、法定可專利標的、法律排除保護標的（如動物及植物不予專利）、不受專利法保護標的（如不道德或違反公共政策之發明），此外還有新穎性、進步性及可專利性內在要件（Internal Requirements for Patentabilty）（如充分揭露、申請專利範圍及不當修正）（參照L. Bently / B. Sherman, Intellectual Property Law, Oxford University Press, 2009, 3rd. ed., pp. 391,

(四) 可專利性之發明與法定不予發明之可專利性例外

我國專利法第21條就發明為積極定義，於第24條另為規定「不予發明專利」之消極界定發明適格標的範圍。此即發明需要具有可專利性，但亦不得屬於第24條之可專利性之例外。

專利法第24條規定，下列各款，不予發明專利：

1. 動、植物及生產動、植物之主要生物學方法。但微生物學之生產方法，不在此限。
2. 人類或動物之診斷、治療或外科手術方法。
3. 妨害公共秩序或善良風俗者。

由上可見，有關排除專利保護標的，參考WTO／TRIPS規定，比較舊專利法（如包括人類推理力或記憶力之成果、遊戲規則），簡化為三款。與外國立法例比較，如歐洲發明專利公約第52條第2項則列有四款，明定將發現、科學理論、數學方法、美學之形式創作、為思想活動、遊戲或營業活動所生之計畫、規則或程序、為資料處理設備之程式、資訊之再現等，

464, 488, 507）。由此可見，英美文獻中，其專利要件基本上須有專利三性，惟在可專利標的與不予專利例外及揭露要件之申請專利要件或專利內在要件，則略有些許差異。此外，在德國專利法文獻，參照Rudolf Kraßer / Ann, Patentrecht, 7. Aufl., München: Beck, 2016, SS. 123, 195, 276，以發明及新型專利之實體要件稱之，其包括技術之發明（Die technische Erfindung）、技術發明保護能力之限制（如產業利用性、生物技術發明保護能力之限制、公共秩序及善良風俗作為保護障礙）、新穎性與發明成果（erfinderische Leistung）〔發明專利係指發明活動（erfinderische Tätigkeit），新型專利係指發明步驟（或譯行動）（erfinderischer Schritt）〕。日本文獻上，如中山信弘，「特許法」，東京：弘文堂，2019年8月30日4版1刷，頁121以下，專利要件（特許要件），包括積極的要件〔如產業上之利用可能性、新穎性（新規性）、擴大範圍之先申請（準公知、公知之擬制）、進步性〕與不予專利之發明及專利能力有問題之發明。由上述可知，於德日文獻，亦承認專利三性要件。

不視爲該公約所稱之發明。至於可專利性之例外規定，則另規定於第53條，即包括違反公共秩序或善良風俗、植物品種（Pflanzensorten）或動物品種（Tierrassen）或其主要生物培育方法，與人類或動物之手術、治療方法及診斷方法等。前述與我國法比較，可知「不視爲發明」與專利性之除外規定，有些立法例將兩者分開規定，我國則就發明先作積極定義，之後另規定不予發明專利之除外規定。

是否妨害公共秩序或善良風俗之要件，在生物科技專利案件，因有些涉及環保、生物多樣性等原則之維護，對複製動物、改變動物性狀等研究成果，可能妨害公共秩序、善良風俗，而不予發明專利。惟公共秩序、善良風俗（簡稱公序良俗）屬於倫理道德內化成法律規範，係不確定概念，會隨時空或其社會文化、價値觀念變遷可能產生改變，所以如何掌握是否妨害公共秩序、善良風俗之意義，宜整理分析實務相關案例，加以類型化，藉以建立適用原則。我國實務上，認爲複製人的方法（包括胚胎分裂技術）及複製人及其複製方法（包括胚胎分裂技術）、改變人類生殖系之遺傳特性之方法等，則有妨害公共秩序、善良風俗之虞。另如吸食毒品之用具及方法（例如鴉片吸食用具及方法）、郵件炸彈及其製造方法、服用農藥自殺之方法等，其商業利用構成妨害公共秩序或善良風俗者，屬於法定不予發明專利之標的。惟發明之商業利用，如尚不足以妨害公共秩序或善良風俗者，即使該發明被濫用而有妨害之虞，仍非屬法定不予發明專利之標的，例如各種棋具、牌具，或開鎖、開保險箱之方法，或以醫療爲目的而使用各種鎮定劑、興奮劑之方法等（參照2021（110）年7月14日修訂施行之第二篇發明專利實體審查）。

(五) 新穎性

在新穎性方面，專利法第22條規定：「可供產業上利用之發明，無下列情事之一，得依本法申請取得發明專利：一、申請前已見於刊物者。二、申請前已公開實施者。三、申請前已爲公眾所知悉者。」

「申請人有下列情事之一，並於其事實發生後六個月內申請，該事實非屬第一項各款或前項不得取得發明專利之情事：一、因實驗而公開者。二、因於刊物發表者。三、因陳列於政府主辦或認可之展覽會者。四、非出於其本意而洩漏者[9]。」

就新穎性而言，我國採取「絕對新穎性」（國內外均需要新穎）及「客觀新穎性」（即除發明人主觀認爲新穎之外，尚需要在申請日或優先權日未存有該發明）。換言之，新穎性不能於國內外爲公眾所知悉、已公開使用或見於刊物。於判斷發明有無新穎性時，應以發明之技術內容比對是否相同（在技術領域中具有通常知識者直接推導）爲準。不相同即具有新穎性；相同即不具新穎性[10]。新穎性取決於發明與先前技術之整體比對，因此先前技術（prior art）（或稱前案、既有技術狀態或現狀）（Stand der Technik, SdT）之檢索完整度影響新穎

[9] 非出於申請人本意而洩漏者，2004年7月1日修正施行專利法第22條第2項第3款，參酌日本特許法第30條第2項及歐洲發明專利公約第55條之規定，明定非出於申請人本意而洩漏其內容者，如申請人於該公開之日起6個月內提出申請者，亦不喪失其新穎性。

[10] 參照經濟部智慧財產局2012年公告發明專利審查基準。

性的判斷。新穎性在先前技術之評估上包括國內及國外專利、刊物及發明的公開展示或使用。

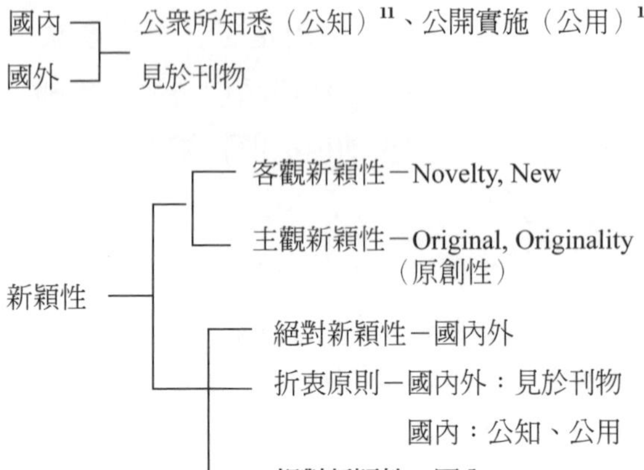

專利法第23條關於擬制喪失新穎性規定，實務上亦應留意之。即申請專利之發明，與申請在先而在其申請後始公開或公告之發明或新型專利申請案所附說明書、申請專利範圍或圖式載明之內容相同者，不得取得發明專利。但其申請人與申請在先之發明或新型專利申請案之申請人相同者，不在此限。

---

[11] 公眾知悉構成新穎性喪失者，舊專利法未加規定，實務上有將「公知」包含於「公用」概念之中，此畢竟是權宜之計，於2004年7月1日修正施行專利法第22條第1項第2款，參考日本特許法第29條第1項第1款及歐洲發明專利公約第54條，予以明定，較爲妥適。

[12] 此所謂公用，指公開使用，其除包括狹義之方法專利之使用以外，尚及於第58條規定之專利權之實施（製造、販賣、爲販賣之要約、輸入等）。又所謂使用，專利法上有廣狹之分，狹義者將之指稱單純之使用行爲，至於廣義之使用，可能包括製造、販賣、販賣之邀約、進口等行爲，如此行爲，不論與使用有無關係或是否得以推論出使用概念，究竟與使用概念有所不同，因此，參考日本立法例將之改爲「公開實施」或「公然實施」，較爲周延。

實務上，有關專利要件與新穎性及進步性之關係，智慧財產法院曾有判決認為，按專利制度係藉由授予專利權人由政府保護的排他權利，作為提升產業進步的誘因，其重點在於鼓勵權利人將新而有用且具進步性之技術思想，以取得專利即予公開之方式帶進該技術領域。如該技術思想已經公開且為人所知，即屬欠缺新穎性而無授予專利之必要。又如該技術思想雖具備新穎性，但於該技術領域中之通常知識者得以輕易完成時，亦無授予專利以激發其將該技術思想予以公開之必要。故凡利用自然法則之技術思想之創作，而可供產業上利用者，得依專利法第21條、第22條第1項之規定申請取得發明專利。惟「申請前已見於刊物、已公開實施或已為公眾所知悉者」、「發明雖無第1項所列情事，但為其所屬技術領域中具有通常知識者依申請前之先前技術所能輕易完成時」，仍不得依法申請取得發明專利，復為同法第22條第1項第1款及第2項所明定。上開專利法第21條第1項第1款即屬新型專利關於新穎性要件之規定，雖其對申請前已見於刊物或已公開使用等要件為規定，但對究竟應如何比對，並無明文，然依據上揭新穎性的說明，只要該專利申請前相關技術內容尚未公開且為人所不知，即具新穎性。換言之，只要與先前技術有不同之處，即可謂「新」。因此，在判斷一專利是否具有新穎性，應就其申請專利範圍之所有技術特徵與作為先前技術之同一引證之技術特徵相比較，只要有一特徵要件不同，即應為「新」。又上開條文第4項係關於發明專利進步性要件之規定，至何謂其所屬技術領域中具有通常知識者依申請前之先前技術顯能輕易完成者，應可由系爭專利是否在該技術領域中達成無法預期的功效，或解決了該技術領域長期未能解決的需要，或他人努力均告失敗等等爲參考之判斷標準（參照智慧財產法院100年度行專更(一)字第3號判決及修正專利法略爲修訂）。

民國105年12月30日修正（106年5月1日施行）修正專利法第22條第3項規定，申請人出於本意或非出於本意所致公開之事實發生後12個月內申請者，該事實非屬第1項各款或前項不得取得發明專利之情事。

以上修正優惠期期間及事由，係爲因應我國企業及學術機構因商業或學術活動，在提出發明申請案前即以多元形態公開其發明，及爲保障其就已公開之發明仍有獲得專利權保護之可能，並有充分時間準備專利申請案，爰參考美國專利法第102條第(b)項、日本特許法第30條、韓國專利法第30條等規定，將原優惠期期間6個月修正爲12個月，並鬆綁公開事由，刪除原各款規定，不限制申請人公開該發明之態樣，以鼓勵技術之公開與流通。又此所謂申請人本意所致之公開，指公開係導因於申請人之意願或行爲，但不限由申請人親自爲之者。因此，申請人（包括實際申請人或其前權利人）自行公開或同意他人公開，均應包括在內。所謂非出於本意所致之公開，指申請人本意不願公開所請專利技術內容，但仍遭公開之情形。按所請專利技術內容遭他人剽竊公開者，固應屬非出於本意之公開，若出於錯誤之認識或疏失者，亦應屬之。例如申請人誤以爲其所揭露之對象均負有保密義務，但實非如此；申請人本無意公開，但因經其僱用或委任之人之錯誤或疏失而公開者，亦屬非出於本意之公開。

又同時增訂第22條第4項規定，因申請專利而在我國或外國依法於公報上所為之公開係出於申請人本意者，不適用前項規定。此次第4項之增訂理由，係為申請人所請專利技術內容見於向我國或外國提出之他件專利申請案，因該他件專利申請案登載專利公開公報或專利公報所致之公開，其公開係因申請人依法申請專利所導致，而由專利專責機關於申請人申請後為之。且公報公開之目的在於避免他人重複投入研發經費，或使公眾明確知悉專利權範圍，與優惠期之主要意旨，在於使申請人得以避免因其申請前例外不喪失新穎性及進步性之公開行為而致無法取得專利保護者，在規範行為及制度目的上均不相同，於是明定不適用之。但如公報公開係出於疏失，或係他人直接或間接得知申請人之創作內容後，未經其同意所提出專利申請案之公開者，該公開仍不應作為先前技術。

至於原第4項規定[13]，主張優惠期必須於申請時同時主張，即須於申請時敘明其事實及其年、月、日，並應於專利專責機關指定期間內檢附證明文件。因為避免申請人因疏於主張而喪失優惠期之利益，及充分落實鼓勵創新並促進技術及早流通之目的，故予以刪除，以資保障申請人權益。

(六) 進步性

在進步性方面，在美國法稱「非顯而易見性」（non-obviousness）（或譯「非顯著性」、「非顯而易知性」）[14]，

[13] 舊第4項規定，申請人主張前項第1款至第3款之情事者，應於申請時敘明其事實及其年、月、日，並應於專利專責機關指定期間內檢附證明文件。

[14] 美國實務上對非顯而易見性，有判決論及判斷原則，如Graham v. John Deere Co.案（383 U.S. 1 (1966)）（U.S.C.§103），有下列原則：1.所屬技術領域通

歐洲發明專利公約稱「發明活動」（或譯「發明步驟」）（Erfinderische Tätigkeit; Inventive Step），德國就往昔實務上使用「發明高度」（Erfindungshöhe）。依史特拉斯堡公約第5條及歐洲發明專利公約第56條規定，不是任何新穎性之技術成果均授予發明專利，而是須超越新穎性所要求之必要的「發明活動」存在，始得授予發明專利。發明專利係確認特別的技術準則（Lehre），及作爲繼續創造勞動成果（Leistung）之激勵，豐富公眾之技術知識之報償[15]。因此，要求進步性要件，即發明專利之授予，係非屬於該所屬技術領域中具有通常知識者依申請前之先前技術所能輕易完成。舊專利法於1979年修正第2條所稱新發明意義之消極界定時，雖將新穎性與進步性混用而規定，尚待商榷，惟該條第5款明定，運用申請前之習用技術，知識顯而易知未能增進功效者，於此終於專利法明文承認進步性要件。之後，1984年修正專利法第20條第1項明定產業利用性與新穎性要件，於同條第2項則明文獨立規定進步性要件（現行專利法則規定於第22條第2項）。

發明須具備前述發明標的（概念）、新穎性及產業利用性（參照專利法第21條及第22條第1項前段）外，利用自然法則

常知識之水準（Level of Ordinary Skill in the Art）；2.先前技術之範圍與內容（Scope and Content of the Prior Art）；3.確定該發明與先前技術之差異（Differences Between Claimed Invention and Prior Art）；4.輔助考慮因素（Secondary Considerations）：非考慮技術因素，而是該發明對市場之影響因素如長期存在之問題、商業上成功之可能性、商業上之默認（如授權案件越多，推定專利有效之可能性就越高）。

15 Vgl. Schulte, Patentgesetz mit EPUe, 7. Aufl., Koeln Berlin Muenchen: Heymanns, 2005, S. 249.

之技術思想之創作，尚須符合進步性要件。亦即「發明雖無前項各款所列情事，但為其所屬技術領域中具有通常知識者依申請前之先前技術所能輕易完成時，仍不得取得發明專利」（參照專利法第22條第2項）。而有前開規定之情事，專利法第46條第1項規定，則應為不予專利之審定（參照智慧財產及商業法院110年度行專訴字第22號判決）。因此，依專利法第22條第2項規定，申請專利之發明為運用申請當日之前既有之技術或知識所完成者，如該發明為熟習該項技術者依一般技術知識能輕易完成者，即不具進步性[16]。舊專利法所謂發明專利，係指凡利用自然法則之技術思想之高度創作，而可供產業上利用者，得依專利法規定申請取得發明專利。惟其發明如係運用申請前既有之技術或知識，而為熟習該項技術者所能輕易完成時，雖無欠缺新穎性情事，仍不得申請取得發明專利。實務上認為，在判斷是否符合「發明」專利之進步性要件時，並不能僅考慮是否有功效之增進，而主要係以技術貢獻之程度是否足夠達到如舊專利法第19條所述之「利用自然法則之技術思想之高度創作」為標準（現行專利法已不使用「高度」用語）；倘若發明係運用申請前既有之技術或知識，而為熟悉該項技術者所能輕易完成時，縱使具有功效之增進，仍難認已達到高度創作之技術水平而具進步性，即不得核准發明專利[17]。舊法有關功效之增進與進步性之判斷關係，現行法不宜再適用，宜辯

[16] 專利法將精於此技術者（person skilled in the art），修改為「發明所屬技術領域中具有通常知識者」，請留意。

[17] 參照最高行政法院94年度判字第2104號判決。

明之。

發明高度、高度創作性[18]與進步性，係相同概念，專利要件僅存在其一爲已足。因此，不宜重複使用。惟實務上卻有未加以區辨，實不甚妥當。例如最高行政法院84年度判字第1933號判決：「按凡新發明具有產業上利用價値者，得依法申請專利，固爲當時專利法第一條所規定，惟所謂新發明，係指利用自然法則之技術思想，具有高度創作性及進步性者而言，若欠缺新穎創作性，即非新發明，自不得申請專利。又運用申請前之習用技術、知識顯而易知未能增進功效者，依同法第二條第五款規定，不得稱爲新發明。」前述判決之利用價値及高度創作性與進步性同列爲說明發明概念，以現行專利觀點，宜避免之。

此外，發明專利之標的，如屬於所謂「組合發明」，乃係指將複合數個既有之構成要件組合而成之發明而言。此種組合必須在整體上要有「相乘」之功效增進，始爲創作，若僅有「相加」之效果，則與發明要件不符。例如將已知之排擋桿鎖栓，鎖定組件及附加之已知汽車防盜裝置組合成「汽車防盜系統」，只有「相加」效果，並無「相乘」效果，所以本案之「組合」與發明之要件，並不相符[19]。換言之，組合發明專利，需要具備進步性。

有關進步性在專利領域中是相當複雜的問題。即使一發明具有新穎性，仍須通過進步性測試始符合專利要件。

---

[18] 此概念在德國是用於著作權要件，即創作高度（Gestaltungshöhe）。

[19] 參照最高行政法院84年判字第1933號判例。

實務上，對於何謂「進步性」（舊法稱爲「高度創作」）、「可供產業上利用」，係以不確定法律概念予以規範，固應尊重主管機關相當程度之判斷餘地。惟主管機關之判斷所根據之事實，是否符合論理法則或經驗法則，法院有衡情斟酌之權，如經斟酌全辯論意旨及調查證據之結果，認爲主管機關判斷專利舉發事實所憑之證據，有顯然疏失，而爲主管機關據爲判斷之基礎者，其所爲之處分即有適用法規不當之違法，此與不確定法律概念應否尊重主管機關相當程度之判斷餘地無涉[20]。

智慧財產法院判決就判斷進步性之程序，例如智慧財產法院102年度行專訴字第98號判決認爲，進步性之判斷係以先前技術爲基礎，在產業之原有技術基礎上，判斷專利申請案是否具有進步性，其重點在於專利之發明或創作與先前技術之差異，是否容易達成。在認定其差異時，應就專利申請案之發明或創作爲整體判斷，而非其構成要件分別考慮之。換言之，判斷是否符合進步性要件，並非就專利申請案之發明或創作之各個構成要件，逐一與先前技術加以比較，而係就申請專利範圍之每項請求項所載發明或創作整體判斷，審視其所屬技術領域中具有通常知識之人或熟習該項技術者，是否對先前技術顯而易知或依據申請前之先前技術所能輕易完成者。故判斷是否具備進步性，得以一份或多份引證文件組合判斷，其與新穎性採單一文件認定方式，顯有差異[21]。

---

[20] 參照最高行政法院94年度判字第208號判決。

[21] 採取類似見解之智慧財產法院判決，例如智慧財產法院103年度行專訴字第19號判決、智慧財產法院103年度行專訴字第75號判決等。

另智慧財產法院對於新型專利舉發案件之判決，例如智慧財產法院103年度行專訴字第91號判決，亦採取與前述判決之相同見解。

我國實務上，智慧財產法院判決中，就進步性與商業上成功之判斷時，有發生類似爭議案件，例如因原告於導入系爭申請專利後，遊戲點數之銷售有明顯增長之趨勢。以101年為例，某遊戲商品之彈性點數購買，銷售額業為固定面額銷售額3倍，相較於傳統固定面額點數之購買，消費者顯偏好彈性點數之購買方式，絕非銷售技巧或廣告宣傳所能達成之效果。職是，就同一遊戲彈性購買點數之銷售額，遠逾固定面額之銷售額，系爭申請專利具商業成功之因素，具有進步性。被告未賦予原告面詢機會，原告前於102年11月29日提出申復，並於申復書內表明系爭申請專利具有商業成功因素，因礙於營業秘密，無法以書面方式提供相關資料，遂申請面詢機會。詎被告均未審酌系爭申請專利具備商業成功因素，逕行核駁系爭申請專利，原處分有違法或不當情事。是以原告主張系爭申請專利有商業成功之事實。

被告則答辯：原告固主張店鋪客戶及廠商銷售資料等營業秘密可證業績成長而有商業上之成功云云。然熟習該項技術者所能輕易完成時，即認定系爭申請專利不具進步性。倘兩者間之差異已明顯，可認系爭申請專利不具創作性時，即無以創作性輔助判斷之必要。因原告主張商業成功之事實，故應證明其與請求項所載發明有直接關係。而原告所主張之店鋪客戶及廠商銷售資料，僅為原告公司內部之統計資料，非客觀與公正單位查核之證據，亦非營業秘密法所稱之營業秘密，無法證明請求項1至13與先前技術相較具進步性，自無面詢之必要。

對於該進步性與商業成功之爭議，智慧財產法院103年度行專訴字第75號判決並未詳加申論，其僅論及以系爭申請專利請求項與引證之組合進行分析比對，認定引證之組合，無法證明系爭申請專利請求項不具進步性。原處分雖以系爭申請專利違反專利法第22條第2項規定，作成不予專利之審定，然有未洽，訴願機關爲駁回之決定，亦有未合。原告執以指摘，爲有理由，且案件事證明確。職是，原告訴請撤銷訴願決定及原處分，暨被告應就系爭專利申請作成准予專利之審定爲有理由，應予准許。

雖進步性判斷是否可能透過商業成功加以論證，尚有討論之餘地，惟前開判決未就原告與被告就商業成功之主張及答辯加以表示立場，似不無商榷之處。

另外，就新型專利之進步性要件判斷時，亦有將商業成功與能否輕易完成加以結合考慮者，例如智慧財產法院101年度行專訴字第75號判決就新型專利舉發案件所爲之判決認爲，「原證3、5係訴願時所提出，原證4乃行政訴訟時始提出，按審查基準第二篇3.4.2.4規定係以申請人能證明專利物品於商業上之成功，係直接由發明之技術特徵導致者，爲其適用前提。惟起訴理由並未針對系爭專利技術特徵與商業成功之連結做說明，並佐以證明。又原告所提紙製餐盒較不環保，系爭專利申請專利範圍並未限縮盒體材質，該等論述亦無涉系爭專利申請專利範圍之內容。」此可與前開判決比較參考之。

另如智慧財產法院100年度行專訴字第124號判決於判斷進步性要件時，原告參考經濟部智慧財產局之專利審查基準，其主張：「系爭專利有效解決長期存在必須以化學製品進行防霉的問題，並且獲得商業上的極大成功，依據被告所頒行的「專利審查基準」第2-3-23頁至第2-3-24頁關於「3.4.2進步性的輔助性判斷因素（secondary consideration）」中之「3.4.2.2發明解決長期存在的問題」及「3.4.2.4發明獲得商業上的成功」之輔助性判斷因素，應足以有效佐證系爭專利並非顯能輕易完成，具備新型專利的進步性要件。」

被告則答辯稱：「原告所稱商業上的成功，係以新聞媒體之報導其具有全球市佔率第二爲說明，然產品市佔率高低與市場價格、銷售技巧與廣告宣傳等因素有關，又產品市佔率高低與系爭專利請求項之特徵是否具專利要件不一定相關。故原告所稱其產品因商業上的成功，故系爭專利具進步性等說詞，尙難採信。」

對系爭專利所製之物在商業上的成功，是否足以佐證系爭專利具有進步性？

智慧財產法院認爲原告主張系爭專利具有商業上的成功，足資佐證系爭專利並非能輕易完成具進步性等云云。然查，原告所稱商業上的成功，係以新聞媒體之報導，見證物一之光碟片，主張其具有全球市佔率第二，姑不論所宣稱之具有全球市佔率第二是否屬實，但產品市佔率之高低與市場價格、銷售技巧與廣告宣傳等因素相關，不必然取決於該產品本身，且產品市佔率高低與系爭專利申請專利範圍所載之技術特徵是否具專利要件非必然具有關聯。

再者，因原告已申請多件防霉貼片之新型專利，故由原告所提出之上開光碟無法確定該產品係實施系爭專利之產品，且由證物一光碟之內容可知，該產品亦包含另一包裝盒之專利，兩者係搭配出售，故縱有原告所稱商業上的成功，難謂僅來自於系爭專利之技術特徵所致，故原告主張其產品因商業上的成功而據以推論系爭專利具進步性，尚難採信。至於原告另稱系爭專利的實際產品已符合多個國際知名檢驗機構認證，係符合綠色環保的高科技產品，惟認證與其產品是否符合專利要件亦無必然關聯，故原告主張系爭專利所製之商品在商業上的成功，尚難據以佐證系爭專利具有進步性。是以，原告此部分之主張，亦不足採。由此判決理由可見，智慧財產法院雖不認爲原告所主張之商業上成功，但似不否認商業上成功與否，其可能作爲判斷進步性之輔助因素。

再者，我國實務上判斷進步性要件時，曾參考美國實務見解，認爲專利制度係授予申請人專有排他之專利權，以鼓勵其公開發明，使公眾能利用該發明之制度，對於先前技術並無貢獻之發明，不具進步性，無授予專利之必要。換言之，申請專利之發明係該發明所屬技術領域中具有通常知識者，參酌相關先前技術所揭露之內容及申請時之通常知識所能輕易完成者，自不具進步性，否則，即具有進步性。因此，判斷申請專利之發明有無進步性，應就先前技術所揭露者於欲解決之問題、功能、特性是否提供教示、建議或動機，使該技術領域通常知識者足以輕易完成所申請之專利（參照最高法院100年度台上字第480號民事判決）[22]。

---

[22] 進步性要件，於美國實務上，聯邦最高法院Hotchkiss v. Greenwood, 52 U.S. (11 How.) 248 (1850)所採。之後，1952年爲美國專利法（Patent Act）第103條所明

我國智慧財產法院判決，亦曾運用「教示」判斷進步性要件者，例如智慧財產法院97年度民專訴字第24號民事判決：「經整體技術特徵比對，系爭專利與引證一及二之構造元件並不完全相同，且引證一及二並無任何教示或隱喻可使該技術領域中具通常知識者可輕易完成系爭專利申請專利範圍第1項之結構，故系爭專利申請專利範圍第1項具進步性。」[23]此外，亦有將「教示」用語，運用於新穎性要件判斷者，例如智慧財產法院99年度民專訴字第26號民事判決：「茲比對被證2圖13所揭示於溝槽（214）左右各別設置一隔板（224、226），亦可供三腳針之左右腳針（232、236）靠附於隔板（224、226）之外之技術內容，與系爭專利申請專利範圍第3項所揭露之該兩隔板可供連續三腳針之左右腳針靠附於左右隔板外側，而中間腳針位於兩隔板間之距離內者之技術內容實質相同，雖系爭專利係針對單一排腳針進行夾持，與被證2圖13所示具有至少兩道溝槽，而得於溝槽內相對位置設置隔板之結構

定。有關teaching-suggestion-motivation (TSM) test，亦即教示、建議或動機判斷進步性要件之方法或原則，此係美國聯邦上訴巡迴法院於1982年所採，此所引述之我國最高法院100年度台上字第480號民事判決亦採行該判斷方法。該判決認爲原審未進一步說明系爭論文所欲解決之問題、功能、特性，泛以系爭論文揭示之技術特徵及依其第43頁之記載，揭露廣告回饋至少可以包含「提供特別的資訊」與「參加抽獎」等技術內容，已足以讓該所屬技術領域中具有通常知識者，可輕易思及由使用者對廣告模式之廣告回饋進行設定之技術內容，與由通知該廣告主來讓廣告主得知使用者所留下進一步的資料，以進行一對一之行銷溝通技術，尤嫌疏略（按此所謂輕易思及，常用設計專利之創作性要件，因此，建議使用輕易完成爲佳，是以本文將之改爲輕易完成，特此敍明）。

[23] 運用教示用語判斷進步性要件之判決，另如智慧財產法院97年度民專訴字第7號民事判決、智慧財產法院98年度民專訴字第104號民事判決、智慧財產法院98年度民專訴字第66號民事判決等。

並不相同，惟該發明所屬技術領域中具有通常知識者，基於被證2圖13之教示，即能直接且無歧異得知系爭專利申請專利範圍第3項所示之技術內容，故被證2自可證明系爭專利申請專利範圍第3項不具新穎性。」此運用教示用語於判斷新穎性要件，可能其係引證自先前技術（前案）之教示，而借用此語，其與前述運用於進步性要件判斷之情形，兩者可相加比較之。

▲實例問題

1. 不具進步性之案例

- **問題重點：區別新穎性與進步性之差異（如整體觀察與拼花式之綜合觀察）**

美商‧美國電話電報股份有限公司案（最高行政法院87年度判字第106號判決）：「查加拿大PMC-Sierra公司西元一九九三年八月份晶片產品資料手冊編號PM5712B之產品經放大數倍後，可見兩只晶片搭接墊皆有垂直及橫向之相對偏置排列，與本案之特徵相符。倒裝式晶片接線技術已公開發表於西元一九九〇年第四十期之電子零件工業技術會議文獻第五五九至五六一頁，其晶片產品之邊緣與內部之搭接墊均具有如本案之上下及左右相對偏置之特徵，且尚有一些搭接墊具有多方向相對偏置，係本案所未敘及之特性，而倒裝式晶片之尺寸30μM×30μM，顯較傳統式晶片110μM×110μM微小，本案改良傳統式晶片之技術較之倒裝式晶片者，並未具進步性，自不得申請取得發明專利。」

「又原決定所舉PMC-Sierra公司PM5712B號產品之晶片搭接墊亦在於利用搭接墊之交錯排列以縮小晶片面積，其中央部分呈雙層交錯排列而在角落漸呈單層排列，與本案技術特徵相同，原告所稱本案具有多重相對偏置之特性則可由該習知技術輕易推得。況多重相對偏置相較於雙重整齊偏置，反增加晶片線之困難度，而降低成品良率，難謂具進步性，且早在本案提出之前，已有更先進之覆晶接著技術（Flip Chip bonding）產生，該技術已明示出覆晶接著搭接墊在晶片上可隨意擺置之特性，其技術特徵亦較本案更爲進步，因此本案不具新穎性、進步性及產業利用性對專利發明要件，此有財團法人工業技術研究院電子工業研究所八六工研電審字第〇一二七號函暨發明專利再訴願答辯書附經濟部訴願卷足資參證。茲原告復以前開事實欄所載理由，起訴主張本案爲具突出之技術特徵而爲一具進步性之發明，引證案實屬不恰當之先前技藝，不得援引爲核駁之依據云云，自非足採。」

「末查日本Kyocera公司一九九〇年Chip Carrier晶片座目錄早據被告於訴願程序所提出（見卷附訴願答辯書），原告指稱該目錄係屬新證據應屬誤會。又該Chip Carrier晶片座目錄，其位於角落之搭接墊與位於中央之搭接墊，搭接墊面積大小不同，以利打線時，打線點有較大的調整空間，避免發生物鄰搭接墊之接線短路現象，有相同之效能。足見本案係運用習知技術，爲熟習該項技術者可輕易完成，殊屬明確。」

2. 進步性與高度創作性為相同概念[24]，宜辨明之

(1) 最高行政法院80年度判字第722號判決：「按凡新發明具

---

[24] 我國專利法如德國發明專利法，未採取或刪除發明高度要件用語，惟發明高度性係德國實務上發展出來概念，現能有將之發明活動（即我國進步性）並稱

有產業上利用價值者，得依法申請專利，為專利法第一條所規定，但所謂新發明，係指利用自然法則之技術思想，具有高度創作性及進步性者而言，若欠缺新穎創作性，即非新發明。又必須借助人類推理力、記憶力始能實施之方法或計畫，依同法第四條第一項第六款規定，不予發明專利。本件原告『一種中文電腦漢字處理方法』申請發明專利，經被告機關一再審查以本案為一種中文電腦漢字之輸入及編碼方法，係將漢字之筆劃結構，分為若干結構字母與非結構字母，並依字母之筆劃數給予數字代碼，其將漢字拆解為其字母時，係有一定之法則，其編碼時，亦有一定之法則，依此方法必須先以記憶力熟習分解漢字之原則及字母之形狀，輸入時又必須以推理力分解字之筆劃，而不能由機器代為分解，在給碼時要先計數筆劃，並憑事先牢記之編碼原則進行編碼，本案為一種有賴人類之推理力及記憶力始能實施之方法，不符專利法第一條之規定（按：此為舊法），乃審定不予專利。原告雖主張本案分解筆劃或字母時，與寫字之方法相同，不須推理判斷，又計數筆劃為受過國民教育之國民皆已熟記之事，故計數筆劃係實行計數的行為，非記憶行為云云。惟查將漢字依筆劃分成三種結構，其中結構認定須依各人對本案所提出方法之理解而有不同的結果，且此方法均對漢字的筆劃所歸

者，事實上發明高度要件，因法律刪除，而有差異，簡言之，其與進步性可併稱之。實際上，發明高度比較容易理解，且可作為其與新型進步性要件之程度上之差異。

納出，並非通則，應屬有賴人類之推理及記憶始能實施之方法，況此類型檢字法所需實施手段和電腦硬體無關，不爲專利之範疇。從而被告機關審定不予發明專利，訴願及訴願決定遞予維持，揆諸首開規定及說明，洵無違誤。次查原告訴稱：被告機關審查審定書中既謂：鍵盤上之字鍵少，即認定本案之進步性，再審查審定書卻另以本方法爲一種有賴人類之推理力及記憶力始能實施之方法爲理由，駁回本案專利申請案，已超出再審查所得審查之範圍，有違專利法第二十九條及第三十條規定等語。第查被告機關本案審查審定書理由係謂：本案所提之漢字處理方法，在鍵盤上之鍵數雖少，但首先在對中文字之處理上須依該字筆順區分出各筆劃之三種結構字母，在此字母之區分認定上極須人之記憶力與判斷力方能爲之，否則會因人之不同習慣或判斷而異，且拆解字母後，又以數目字爲代碼，過程上亦須思索影響速度，本案不具進步性。即已同時指出本案有專利法第四條第一項第六款應不予發明專利要件之情事，顯未逾越再審查案應審查認定之範圍。況本案不合實用性，亦有財團法人資訊工業策進會審查意見書附訴願書可稽，原告起訴意旨猶主張本案具有進步性，且合於實用，執爲本案應准專利之論據，尙難認爲有理由。」

(2) 最高行政法院92年度判字第1568號判決：「依專利法第十九條規定：『稱發明者，謂利用自然法則之技術思想之「高度創作」。』本件系爭發明專利案之構造雖與引證案有不同，惟依上訴人訴稱：『「溫度設定」既未見於系爭案之申請專利範圍，又非系爭案所揭裝置或方法之主要特徵，取該無關乎技術特徵之功能以與各異議證據作比對，顯然已逾越僅就申請專利範圍以審查之職權範圍。』『系爭案正由於其加熱效率較差，才需要增設多數個加熱部，而設置多數個加熱部之技術又為習知之技術，可見系爭案並非且有進步性之發明』，如果系爭案以設置多數個加熱部之技術僅能發生等差級數之效果而不能產生等比級數之效果，則似難謂為『高度創作』。被上訴人以系爭案所採為『水平搬運路徑』，而引證案所採為『垂直搬運路徑』，二者構造不同云云，惟水平搬運路徑與垂直搬運路徑如果僅係空間簡單之變換，能否認定為『高度創作』均有疑義，上開上訴人之爭執，是否可採，似非不可送請客觀審查鑑定之專家予以審查鑑定，作為判決之依據，原判決徒憑被上訴人之答辯，因而為上訴人敗訴之判決，尚有可議。」（按現專利法已無高度創作之用語及異議制度，請留意之）[25]。

3. 進步性與產業利用性或實用性之區別：以地下垃圾箱申請專利為例

最高行政法院52年判字第66號判例（已廢止），按凡對於物品之形狀構造或裝置首先創作，合於實用之新型者，始得申請新型之專利，此係依舊專利法第95條之規定。惟舊法未

[25] 就專利法第19條對發明之定義，有高度創作之用語，實務上引用：「按稱發明者，謂利用自然法則之技術思想之高度創作，為專利法第十九條所規定。同法第二十條第二項復規定，發明係運用申請前既有之技術或知識，而為熟習該項技術者所能輕易完成時，雖無同條第一項所列情事，仍不得申請取得發明專利。」

區分進步性與產業利用性，而以合於實用作為新型之要件。

實務上，判決曾認為所稱之「新型垃圾桶」既屬另一案件，不論中央標準局就該案之處分是否合法適當，原告原不能執以指摘本案原處分為違法。況底部開關使用長久以後，關點只能完全嚴密，為顯可預見之結果。彼時即難免有垃圾散落，污水流出，在原告另案請准專利之「新型垃圾桶」，因其係放置地面使用，縱有垃圾落下及污水流出，尚不難清除。而本案之「地下垃圾箱」則係裝置地下，有內外箱之裝設，內箱底部開關如欠嚴密，則垃圾及污水，均將落入地下外箱之中，不易清除，根本將失卻設置內箱之作用。中央標準局之一再審定及被告官署之最後核定，均經專家審查，僉認內箱底部開關部分有上述之缺點，尚未達到合於實用之階段，與首開專利法第95條之規定不合。被告官署爰最後核定不予專利，於法並無違誤。訴願再訴願決定遞予維持，亦均無不合，原告起訴意旨，難謂有理。再本件事實已極明瞭，原告請求實地試驗及為言詞辯論，法院認無必要。此未將進步性與產業利用性之實務見解可資比較，並作為理解新型專利要件之事件。

4. 產業利用性與進步性之審查原則及觀察方法

最高行政法院86年度判字第148號判決：「本案之申請專利範圍實難由實例及相關技藝文獻所合理支持，故亦難謂其具有產業上之可利用性。」

新穎性審查係個別比對（Einzelvergleich），進步性係可能針對多項技術之部分技術特徵之相互拼接之「拼花」（瑪賽克）式（mosaikartig）之整體觀察（Gesamtbetrachtung;

Mosaikbildung）（或稱「拼花」觀察法）[26]，兩者差異宜予以區分。且因進步性之整體觀察十，由於其係屬一種不確定法律概念（ein unbestimmter Rechtsbegriff）及客觀概念（ein objektiver Begriff），而非發明人之主觀貢獻成果，在個案判斷上須要仰賴價值判斷，其繫於現有技術狀態、專家與非顯而易知三項整體判斷標準[27]。

實務上有謂：「經整體技術特徵比對，系爭案申請專利範圍第1項至第13項（2011年8月5日修正本）之主要技術特徵已爲引證1所揭示，而爲所屬技術領域中具有通常知識者依系爭案申請前之引證1及電晶體偏壓操作之通常知識而能輕易完成，不具有進步性。」（智慧財產法院101年度行專訴字第23號行政判決）[28]。

有對單項之申請專利範圍認定具有進步性者，例如請求項第3項部分：

(1) 系爭專利申請專利範圍第3項爲依附於第1項獨立項之附屬項，除包含第1項所有之技術特徵之外，第3項進一步限縮界定迴授電路之技術特徵：「其中該直流對直流轉換器具有一迴授端接收來自該參考分支的電流，據以穩定該參考

---

[26] 參照Busse, Patentgesetz, 6. Aufl., Berlin: De Gruyter Recht, 2003, §4 Rn. 32 f.

[27] 參照Sölderwanger, in: Benkard, Europäisches Patentübereinkommen, 3. Aufl., München: Beck, 2019, Art. 56 Rn.7ff., 12ff., 37ff..

[28] 類似案例，例如「經整體技術特徵比對，系爭專利之主要結構與技術已爲證據2、證據3之組合，及證據2、證據4之組合所揭示而爲所屬曬衣夾之技術領域中具有通常知識者顯能輕易完成者，不具有進步性。」（智慧財產法院101年度行專訴字第13號判決）。另如智慧財產法院98年度行專訴字第117號判決：「經整體技術特徵比對，原告所提之引證資料無法證明系爭專利爲所屬技術領域中具有通常知識者顯能輕易完成，而不具進步性。」

分支上的電流。」（相關圖式見附圖2）。

(2) 請求項第1項中電流鏡電路、直流對直流轉換器、發光組件連接於鏡射路徑等雖均爲引證資料所揭露，而請求項第1項所用之直流對直流轉換器，以及發光組件連接於參考路徑等技術特徵爲熟習該項技術者得以輕易思及，且請求項第3項之迴授控制亦爲習知技術，惟請求項第1項之驅動電路加上此迴授控制之技術特徵，可使系爭專利所揭示之直流光源驅動電路達到系爭專利說明書第8頁倒數第2行至第9頁第2行（見申請卷第12至13頁）所載迴授電路設計可使相關電路之功能不受溫度及環境影響之優點。故經整體技術特徵比對，請求項第3項確具功效而有進步性（智慧財產法院97年度行專訴字第34號判決）。

以上兩案例所謂整體技術特徵比對，宜留意其非個別比較觀察，而係所謂馬賽克拼湊之觀察方法有別。

(七) 不喪失新穎性及進步性之例外

申請專利之發明於申請前，申請人有因實驗而公開、因於刊物發表、因陳列於政府主辦或認可之展覽會及非出於其本意而洩漏者等情事之一，使該發明的技術內容於申請前已見於刊物、已公開實施或已爲公衆所知悉，而能爲公衆得知者，申請人應於事實發生後6個月內提出申請，敘明事實及有關之期日，並於指定期間內檢附證明文件。此6個月期間，係屬優惠期，僅專利申請人及前權利人（例如專利申請權之被繼承人、讓與人或申請權人之受雇人或受聘人等），始得主張。

▲實例問題

1. 已見於刊物之實例

本件原告以合成纖維縮織品之製造方法申請專利，其所用之脫糊精煉、強撚及熱固定等方法，為日本江南書院發行之「化纖維系布基礎知識」及日本商工會館出版部發行之『纖維辭典』所已刊載，縱如原告之所主，張，其使用之程序上並非完全相同，要不能逾越其已刊載之方法之範圍。原告申請專利日期，已在上開刊物刊載之後，是其申請專利之該項製造方法，自不能不認為有在申請前已見於刊物，他人可能仿效之情事，自不能謂為新發明而申請專利（最高行政法院52年判字第298號判例）。

2. 有害公開之實例

原告之「標準垃圾容器符合國際衛生之組合方法」申請專利，其中第4項係「雙邊蓋與容器之結密閉之衛生法」，原告自承於52年8月10日公開試驗，製作模型參加臺北市衛生局召集之會議，向與會各單位代表詳加說明後，將模型送與臺北市衛生大隊之事實，核與其自參加開會之日起至53年12月18日申請發明專利之日止，已逾期6個月，顯屬違反專利法第2條第4款規定之申請專利限期，自不得准為發明專利（最高行政法院60年度判字第636號判決）。

3. 通常知識人士之實例

凡具化工知識人士皆知，一化學反應之反應條件將隨該反應所選用觸媒之不同而有差異，若本案所請具新穎性及進步性，則該反應理應爲一個新組合之反應，其反應條件豈能不予界定？故本案申請專利範圍未能界定反應條件，亦不符專利要件。

(八) 產業利用性

在產業利用性方面，依專利法第22條第1項前段規定，凡可供產業上利用之發明，得依專利法申請取得發明專利。我國專利審查基準指出「非可供產業上利用之發明類型」不符合產業上利用性要件[29]。非可供產業上利用之發明類型包括未完成之發明、非可供營業上利用之發明及實際上顯然無法實施之發明。

往昔產業利用性之稱呼，有稱爲工業價值，有稱產業上利用價值，由於過度強調「價值」，所以將之與進步性相混淆[30]，現專利法已將進步性與產業利用性區分，應留意之。產業之意義，採廣義概念，包括工業、農林漁礦牧等產業[31]。

---

[29] 參照經濟部智慧財產局發明專利審查基準第3章第1節，2014年版。

[30] 最高行政法院50年判字第49號判例（已廢止）：「凡新發明之具有工業上價值者，始得依法申請專利，爲專利法第一條所明定。所稱工業上價值，依同法第三條規定，係指無不合實用之情形亦非尚未達到工業上實施階段之情形者而言。若非新發明或無工業上之價值者，自即不得申請專利。原告以發明『海水通過細砂層變成淡水』申請專利。按普通砂層過濾方法，原難謂係原告所創始發明，且經中央標準局一再審定及被告官署最後核定，憑各專家提出之科學理論及經驗法則，均認此項方法不合實用，不具有工業上之價值。原告此項所謂『發明』，自不合於申請專利之要件。」此案件可供理解產業利用性與工業上價值等要件之發展。

[31] 最高行政法院57年判字第207號判例（已廢止）：「原告申請發明專利之『銀耳蔗渣粉培養種菌』方法，係屬農作物之培養方法，無工業上之價值，不應准許專利。」往昔法院見解將工業爲狹義解釋，不包括農業。

▲實例問題

產業利用性與人類或動物之診斷、治療或外科手術方法之關係[32]

• **問題重點：因各國專利取得標準可能差異，在美國取得專利，不當然可以取得國內專利**

「本件原告之前手美國聾者中央學會於八十二年九月十日以其『視網膜色素上皮移植』係自捐贈者之眼球中分離視網膜色素上皮細胞，作單層培養後，移植到受贈者視網膜下之方法等情，向被告申請發明專利。案經被告編爲第八二一〇七四四八號審查，不予專利。美國聾者中央學會申准將本案申請權讓與原告。原告修正專利說明書，經再審查結果，被告以依原告提出之再審查理由書之內容及申請專利範圍，係有關視網膜色素上皮細胞所構成之單細胞層移植之手術方法，依首揭規定應不予專利，乃爲仍應不予專利之處分。原告以本案申請專利標的係供視網膜色素上皮移植用的移植物及其構建方法云云，訴經經濟部訴願決定及行政院再訴願決定，以本案『視網膜色素上皮移植』係有關視網膜色素上皮細胞所構成之單細胞層移植之技術及方法，即取得供給者組織後，從該組織收獲視

[32] 人體或動物疾病之診治手術方法，我國專利法將之列爲不予發明專利之標的。歐洲發明專利公約歐洲發明專利公約第52條第4項則將之視爲不具產業利用性。我國實務上認爲：「人體或動物疾病之診斷、治療或手術方法」係指施用於活的人體或動物體之疾病診斷、治療或手術方法。此外，疾病之預防方法亦屬不予專利之範圍。另如與生物技術領域相關之投遞基因的治療方法屬於施用於人體或動物體之治療方法，爲不予專利之項目。但活體外修飾基因之方法、活體外偵測或分析生物物質之方法、供基因治療方法用之基因、載體或重組載體，均非屬法定不予發明專利之標的。

網膜色素上皮細胞，將其排放於無毒的、可撓性的支撐物，並移植入宿主視網膜下區域；其申請專利範圍包含視網膜移植物之取出、處理及植入，皆屬臨床醫學手術方法之範圍。再者，本案視網膜色素上皮細胞移植技術，事關未來之人體應用，必須有實驗證據或醫學論文支持，方能確信。」

法院採取專家審查意見而認爲：「查本案所申請之專利範圍包含視網膜移植物從人體內取出再處理及植入體內，悉屬臨床醫學上手術方法之範圍。至原告所舉被告核准專利之各案，其案情不同，亦不足拘束本案。又本案應用於人體，在於創新視網膜組織移植之技術，自須有實驗數據或醫學論文，證明移植物能長期存活，方具產業上之利用價值，尚難以有無實際應用可能爲衛生機構核准之範圍，認爲不須具備長期追蹤依本案實施能達其創作目的之證據。本案屬發明專利之申請，須證明其創作之具有可專利性，證明不足，即否准其專利之申請；非由專利主管機關證明其實施爲不可能，始予審定不予專利。本案經經濟部送由國立臺灣大學醫學院審查結果，亦認本案所請專利範圍仍包括手術方法部分，其他申請標的之植入物及其製法部分，尚無足夠證據證明確具特殊功效，經長期追蹤，具有治療效果。」[33]

(九) 其他說明書記載要件：實現可能性要件等

按WTO/TRIPS第29條第1項規定：「會員應規定專利申請人須以清晰及完整之方式，揭露其發明，使該發明所屬領域

---

[33] 最高行政法院87年度判字第399號判決。

者能瞭解其內容並可據以實施。」因此日本特許法於1994年修正時即於其第36條第4項將其有關「發明之目的、構想、效果」之記載實施可能要件之部分刪除。我國舊專利法第22條第3項中關於發明應載明有關之先前技術、發明之目的、技術內容、特點及功效之規定缺乏彈性，倘屬開拓性之發明，若未依本條規定格式撰寫，恐有違法之虞。

爲順應國際上對說明書撰寫方式之趨勢，並可避免現行實務上申請人常以非主要部分記載內容作爲異議、舉發之主張，致生不必要之困擾，2004年修正施行之專利法將舊法第22條第3項「並應載明有關之先前技術、發明之目的、技術內容、特點及功效」等文字刪除，並爲使發明說明之概念明確而酌爲文字修正後，增列「發明說明應明確且充分揭露，使該發明所屬技術領域中具有通常知識者，能瞭解其內容，並可據以實施」。

2011年修正爲：「說明書應明確且充分揭露，使該發明所屬技術領域中具有知識者，能瞭解其內容，並可據以實現。」（專利法第26條）將「實施」改爲「實現」，因爲其參考歐洲（發明）專利公約（EPC）第83條、（發明）專利合作條約（PCT）第5條，與貿易有關之智慧財產權協定（TRIPS）第29條第1項及實質專利法條約（SPLT）草案第10條第1項規定，說明書之記載應使該發明所屬技術領域中具有通常知識者，能據以「實現」（carry out），是以將現行條文「實施」之用語修正爲「實現」，俾免與修正條文第58條第2項及第3項所定之「實施」產生混淆。此有關實現可能性要件（或稱可據以實現要件），解釋上可作爲除前述專利三性要件外獨立專利要件，但如比較日本發明專利法，將之作爲申請專利時所提出發明說明書中之申請專利範圍之記載要件（參照日本特許法第36條第4項）（有稱之爲實施可能性要件[34]或發明詳細說明之記載要件）。此在關專利說明書之記載要件，即如實現可能性要件、支持要件、明確性要件、簡潔性要件、先行技術文獻情報開示義務及其他要件，亦可在我國專利法及其施行細則找到相關之規定。

1. 實現可能性要件：專利法第26條第1項規定，說明書應使該發明所屬技術領域中具有通常知識者，能瞭解其內容，並可據以實現，此所謂可據以實現之記載要件。專利法第26條第1項規定，說明書應明確且充分揭露，使該發明所屬技術領域中具有通常知識者，能瞭解其內容，並可據以實現。
2. 支持要件：專利法第26條第2項規定，申請專利範圍應界定申請專利之發明；其得包括一項以上之請求項，各請求項必須爲說明書所支持。
3. 明確性要件：專利法第26條第2項規定，申請專利範圍中各請求項應以明確之方式記載。
4. 簡潔性要件：專利法第26條第2項規定，申請專利範圍中各

[34] 在有關專利說明書之記載要件，日本立法例亦有實施可能性要件、支持要件、明確性要件、簡潔性要件、先行技術文獻情報開示義務及其他要件（發明專利發施行細則要求之改行或號碼之記載方法或引用方法等）之要件，可資比較參考（參照中山信弘，「特許法」，東京：弘文堂，2019年4版1刷，頁190-199）。有關實現（實施）可能性要件，參照中山信弘，前揭書，頁191-193；佐伯とも子等，「知的財産基礎と活用」，東京：朝昌書店，2004年，頁72。

請求項應以簡潔之方式記載。

5. 其他記載要件：例如專利法施行細則第17條第2項及第3項規定，說明書應依前條第1項各款所定順序及方式撰寫，並附加標題。其記載之順序為：一、發明名稱；二、技術領域；三、先前技術：申請人所知之先前技術，並得檢送該先前技術之相關資料；四、發明內容：發明所欲解決之問題、解決問題之技術手段及對照先前技術之功效；五、圖式簡單說明：有圖式者，應以簡明之文字依圖式之圖號順序說明圖式；六、實施方式：記載一個以上之實施方式，必要時得以實施例說明；有圖式者，應參照圖式加以說明；七、符號說明：有圖式者，應依圖號或符號順序列出圖式之主要符號並加以說明等須記載之七項及其順序。

又雖非強制應記載事項，但得於說明書各段落前，以置於中括號內之連續四位數之阿拉伯數字編號依序排列，以明確識別每一段落。另如專利法施行細則第22條規定，說明書中之技術用語及符號應一致，該說明書，應以打字或印刷為之；說明書以外文本提出者，其補正之中文本，應提供正確完整之翻譯等。

以上我國專利法與日本特許法（即發明專利法）規定體例類似，將專利要件與專利申請分開規定，解釋上可認為其專利申請時所提出說明書要具備可實現性要件，性質上屬於程序上專利申請形式要件，與前述專利三性屬於專利保護之實體要件有所不同。

我國實務上，智慧財產法院曾就進步性與可實現性要件及申請專利範圍解釋等之關係，有判決認為專利法制上所稱之

「所屬技術領域中具有通常知識者」，即屬此不確定法律概念，原則上，行政機關對此法律概念必須先加以解釋，再予以具體化以便適用。於專利法制上，對許多傳統之技術領域，或是結果較可預期之技術領域而言，多半經由先前技術之提出，即可得知此「所屬技術領域中具有通常知識者」之標準，但對於先進技術、待開發之技術、技術交錯、結果較難預期之技術領域等，特別是當事人有爭執時，行政機關宜先就該不確定法律概念加以解釋後，再予以具體化適用，始符合行政機關採證之法則，且便於司法審查行政機關有無違反判斷餘地之基本原則。

按專利法（以發明專利爲例）雖僅於第22條第2項之進步性要件，及第26條第1項之實現可能性要件（可據以實現要件）（另有明確性、簡潔性及支持性要件等之要求）中，明文規定必須要以「所屬技術領域中具有通常知識者」之標準爲其判斷基準。然而專利審查實務中，有關申請專利範圍之明確、簡潔及支持要件（專利法第26條第2項），及有關申請專利範圍的解釋（專利法第58條第3項）等均涉及以「所屬技術領域中具有通常知識者」爲其判斷之主體及標準。換言之，凡涉及專利發明或先前技術實質要件之解釋，均應依此爲標準，而非取決於發明人、專利權人、舉發人、經濟部智慧財產局之審查官，甚至是法院的技術審查官或法官。理論上，專利制度追求的是能促進產業進步之實用技術，而非科學上的重大發現，因此，最能夠判斷該不該授予專利的，應爲該技術領域內之人莫屬，再自該技術領域內之人整體技術水準觀之，爲求平衡合理，此責任自應交由該所屬技術領域內之通常知識者爲判斷之基準（此參照智慧財產法院100年度行專更(一)字第3號判決及修正專利法略為修訂）。

(十) 生物材料之寄存

我國專利法係於1994年修正時使開放微生物新品種之專利為法定可准予專利之標的，1994年專利法第26條規定：「申請有關微生物之發明專利，申請人應於申請前將該微生物寄存於專利專責機關指定之國內寄存機構，並於申請時附具寄存機構之寄存證明文件。但該微生物為熟習該項技術者易於獲得時，不須寄存。」明文規定微生物須於申請前寄存並於申請時附具寄存證明文件。復於2001年10月4日修正時，增訂第2項：「申請人應於申請之次日起三個月內檢送寄存證明文件，逾期未檢送者，視為未寄存。」又於2003年1月2日修正第26條為現行法第30條（但第2項僅將原條文「申請之次日」修正為「申請日」）。經查2001年10月4日增訂第2項之立法理由為：「明定補提寄存證明文件之期間；逾期未檢送者，視為未寄存。」故已明定逾期未檢送寄存證明之法律效果為「視為」未寄存。此期間之規定為法定不變期間，除非原告依行政程序法第50條第1項或專利法第17條第2項申請回復原狀，屆期未檢送，即已發生未寄存之法律效果[35]。

2011年修正時，申請生物材料或利用生物材料之發明專利，專利法第27條規定，申請人最遲應於申請日將該生物材料寄存於專利專責機關指定之國內寄存機構。但該生物材料為

35 參照智慧財產法院100年度行專訴字第95號判決。

所屬技術領域中具有通常知識者易於獲得時，不須寄存。換言之，申請生物材料或利用生物材料之發明專利，原則上應將該生物材料寄存，但例外情形，若該生物材料爲所屬技術領域中具有通常知識者易於獲得時，不須寄存。至於是否爲所屬技術領域中具有通常知識者易於獲得之生物材料，則於實體審查時，依法進行審查其有無前述例外情形存在[36]。

又申請人應於申請日後4個月內檢送寄存證明文件，並載明寄存機構、寄存日期及寄存號碼；屆期未檢送者，視爲未寄存。前項期間，如依第28條規定主張優先權者，爲最早之優先權日後16個月內。申請前如已於專利專責機關認可之國外寄存機構寄存，並於第2項或前項規定之期間內，檢送寄存於專利專責機關指定之國內寄存機構之證明文件及國外寄存機構出具之證明文件者，不受第1項最遲應於申請日在國內寄存之限制。

申請人在與中華民國有相互承認寄存效力之外國所指定其國內之寄存機構寄存，並於專利法第27條第2項或第3項規定之期間內，檢送該寄存機構出具之證明文件者，不受應在國內寄存之限制。

專利法施行細則第17條第5項規定，申請生物材料或利用生物材料之發明專利，其生物材料已寄存者，應於說明書載明寄存機構、寄存日期及寄存號碼。申請前已於國外寄存機構寄

---

[36] 參照專利審查基準彙編第8章生物材料寄存（107年11月1日版），https://topic.tipo.gov.tw/patents-tw/cp-682-870073-b4767-101.html（最後瀏覽日期：2022年4月9日）。

存者，並應載明國外寄存機構、寄存日期及寄存號碼。

我國雖非加入布達佩斯條約（Budapest treaty），惟仍參考該條約之國際寄存機構（International Depositary Authority, IDA）之實務作業，多數寄存機構係於確認生物材料存活後，始給予寄存編號，且其所發給之「寄存證明文件」內容，同時包括現行條文所稱之「寄存證明文件」（實質上僅是寄存收件收據）及修正前條文第38條第4項所稱之「存活證明」。為符合國際實務，2011年修正通過改採寄存證明與存活證明合一之制度，未來申請人寄存生物材料後，寄存機構將於完成存活試驗後始核發寄存證明文件，不另出具獨立之存活證明。

在生物材料之寄存機構方面，我國生物材料寄存機構為財團法人食品工業發展研究所。國外生物材料之寄存機構應為依布達佩斯條約取得國際寄存機構（International Depositary Authorities）資格之生物材料寄存機構（參照世界智慧財產權組織官方網站）。與外國合作方面，例如我國與日本、英國分別於2015年6月18日及2017年12月1日實施臺日、臺英專利程序上生物材料寄存互相合作。申請人向我國申請專利，而將該生物材料寄存在日本經濟產業省特許廳或英國智慧財產局所指定其國內寄存機構者，並於法定期間內檢送由該等機構出具之寄存證明文件，即不受應在國內寄存之限制。日本特許廳指定寄存機構為「獨立行政法人製品評價技術基盤機構特許生物寄存中心」（NITE-IPOD）、「獨立行政法人製品評價技術基盤機構特許微生物寄託中心」（NPMD）。英國智慧局指定寄存機構指符合臺英專利程序上生物材料寄存相互合作作業要點第2點第3項規定之寄存機構。申請人與生物材料之寄存者不一致時，鑑於實務上，寄存者之合法授權人始得取得寄存證明文件，故實務上推定其已獲得寄存者之授權[37]。

我國法院實務上，亦認爲申請生物材料或利用生物材料之發明專利，除非所利用之生物材料爲所屬技術領域中具有通常知識者易於獲得者或有前述例外情形以外，否則以將該生物材料寄存於專利專責機關指定之國內寄存機構爲原則，方符合法定寄存之程序，並規定未於期限內檢送之效力，即視爲未寄存。有關生物材料或利用生物材料之發明，若生物材料本身爲申請專利之發明不可或缺之部分，且該生物材料亦非該發明所屬技術領域中具有通常知識者易於獲得時，通常無法藉文字之記載明確且充分揭露該發明，使該發明所屬技術領域中具有通常知識者可據以實施，未寄存該生物材料者，應視爲揭露不充分。例如對於分離自土壤之微生物或者經改良之微生物，僅以文字及圖式之記載，無法充分揭露該菌株及其篩選方法，使任何人可據以實現而得到相同之菌株。因此，對於有關生物材料或利用生物材料之發明，應將生物材料寄存於具公信力之寄存機構，以補充發明說明之記載內容，以便該寄存機構得於專利核准公告後提供該生物材料給大衆。此爲前述專利法規定之立法意旨[38]。

[37] 參照專利審查基準彙編第8章生物材料寄存（107年11月1日版），https://topic.tipo.gov.tw/patents-tw/cp-682-870073-b4767-101.html（最後瀏覽日期：2022年4月9日）。

[38] 參照智慧財產法院100年度行專訴字第95號判決。

(十一) 特殊領域中發明之問題

1. 化學品發明

化學品中屬於物質發明者，自有專利法歷史以來，有些國家對之是否保護，不乏持保留態度，不過現代專利法已不再排除以專利保護標的之外。我國在1986年修正專利法將之開放保護。

2. 醫藥品與農藥品

醫藥品與農藥品中屬於物質發明者，自有專利法歷史以來，對此類物質發明恐造成壟斷，所以對其專利保護與否，不乏否定態度之立法例，不過現代專利法已不再排除以專利保護標的之外。我國在1986年修正專利法將之開放保護。

3. 核能技術

有些國家之專利法明定排除，例如用原子核變換方法獲得的物質，不授予專利權（例如中國大陸專利法第25條第1項第5款），我國專利法第24條未予明文排除。原子能技術之發明，原子能法（第28條）容許申請專利，如取得政府將予以獎勵，但不准讓與他人或輸出外國。

4. 電腦程式與軟體

電腦軟體包括電腦程式、演算（演繹）法（algorithm）等，著作權法第5條將電腦程式明定為著作種類，但因著作權僅保護著作表達之形式，不及構想。電腦軟體不乏非文字部分或可付諸實施之構想，頗值得保護。因此我國對於其可專利性，現已改較寬態度，如其具有技術性質，宜保護之。智慧財產局之審查基準第十二章電腦軟體相關發明，已專為電腦軟體加以專章規範。判斷電腦軟體相關發明是否符合發明之定義，係依照申請專利之發明，亦即以每一請求項所載之發明整體為判斷對象，逐項進行判斷。又判斷是否屬於明顯符合或不符發明定義之態樣，其中如係具體執行對於機器等之控制或伴隨控制之處理者，或具體執行依據物體之技術性質的資訊處理者，將之歸類於明顯符合發明定義之態樣，係屬電腦軟體相關發明。至於如其申請電腦軟體之標的，係非利用自然法則者或非技術思想者，則被歸類於明顯不符發明定義之態樣[39]。

5. 動植物及生產動植物之主要生物學方法

依專利法規定，與生物相關發明相關之法定不予專利之發明，其涵蓋「動、植物及生產動、植物之主要生物學方法」、「人類或動物之診斷、治療或外科手術方法」及「發明妨害公共秩序或善良風俗者」。其中動植物及生產動植物之主要生物學方法，屬於不予發明專利之標的[40]。此所謂「動、植物」一

---

[39] 參照專利審查基準彙編第12章電腦軟體相關發明（110年7月1日施行版），https://topic.tipo.gov.tw/patents-tw/cp-682-870073-b4767-101.html（最後瀏覽日期：2022年4月9日）；https://topic.tipo.gov.tw/patents-tw/cp-682-870083-10557-101.html（最後瀏覽日期：2022年4月9日）。

[40] 2006年5月9日版專利法修正草案擬刪除此款規定，其理由在於：目前關於動、植物相關發明是否可獲得專利保護，各國專利法有不同之規定：1. 採取全面開者，例如美國、日本、澳洲及韓國等；2. 部分開放者，亦即原則上給予動、植物專利保護，但如果發明之標的為特定動、植物品種，則不准專利，例如歐盟許多國家、智利及愛沙尼亞等；3. 不開放者，例如印度、沙烏地阿拉伯、烏拉圭、印尼、泰國、巴西、哥倫比亞、秘魯、巴拿馬及中國大陸地區等。依現行條文第1款規定，目前僅對於有關微生物學之生產方法，始准予發明專利，為落實前揭全面開放動、植物專利之政策，故刪除第1款之規定〔引自http://www.

詞，涵蓋動物及植物，亦包括基因改造之動物及植物。以動物或植物爲申請標的者，依專利法規定應不予專利。對於生產動、植物之方法，專利法僅排除主要生物學方法，不排除非生物學及微生物學之生產方法[41]。

於2011（100）年專利法修正時，原擬刪除此款規定，全面開放動植物專利，惟因當時社會尚難形成共識，爲順利推動專利法修正案，並衡酌過內產業現況及開放後可能之衝擊，而不納入該次修法範圍（參照經濟部智慧財產局編修「110年6月版專利法逐條釋義」第24條部分）[42]。有關是否將動植物納入專利權保護，因目前植物品種保護尚有不足，故立法論上未來尚有必要討論且期待形成共識，例如採取完全不開放、完全開放（如美國、日本、韓國、澳洲、紐西蘭等）或排除開放動植物品種但開放動植物專利等之立法政策及原則等，並以比較法觀點，探究動植物專利之特殊性及差異性，與衡酌國內新近發展趨勢及可能衝擊等因素，凡此爲因應社會變遷及科技進步衍生新興問題之挑戰，故仍有再加討論修法可行性之意義[43]。

生物相關發明之申請標的，其範疇一般分爲物的請求項及方法請求項，形式上爲用途的請求項應視爲相當於方法請求項。

---

tipo.gov.tw/patent/專利法部分條文修正草案950510（公聽版）.doc（最後瀏覽日期：2008年6月28日）〕。

[41] 參照經濟部智慧財產局專利審查基準第2章何謂發明，https://topic.tipo.gov.tw/patents-tw/cp-682-870055-ed52d-101.html（最後瀏覽日期：2023年5月30日）。

[42] 參照https://www.tipo.gov.tw/tw/cp-85-893221-0131c-1.html（最後瀏覽日期：2022年4月14日）。

[43] 支持植物專利者，認爲美國、歐洲各國、日本、韓國等採品種權與植物專利並行保護植物發明，兩者不衝突，開放植物專利可提供企業多一個選擇。參照楊崇森，「專利法理論與應用」，2021年2月修訂5版1刷，頁158及註34。

有關生物相關發明之申請標的，例如微生物及方法、微生物學產物、轉形株、融合細胞、載體、重組載體、基因、DNA序列、蛋白質、抗體、疫苗、生物晶片、植物育成方法及有關生物發明之裝置等。至於非屬發明之類型方面，生物相關之發明申請案若僅爲一種單純之發現者，並非利用自然法則之技術思想之創作，不能授予專利。自然界存在之物之發現，爲單純之發現，例如新發現之野生植物或鳥類、未經分離或未經純化之微生物或蛋白質或DNA序列。對於自然界中存在之物，經人爲操作而由自然界分離、製備並可顯現技術效果者，則爲發明，例如經分離或純化之微生物、蛋白質或DNA序列。組織和器官係由複雜的步驟形成，其成分（elements）不需要人爲技術介入，且不是藉由人來組合或混合的成分或物質所組成，故組織和器官，不符合發明之定義。然而，實質上經由人爲操作方式結合各種細胞成分及／或惰性成分而產生之人工化擬器官或擬組織之構造，若有技術性，則符合發明之定義[44]。

6. 新興技術發展、傳統知識與專利權保護問題

(1) 基因技術

生物技術之標的（biotechnological matter），是否可作爲專利之標的？國內外專利法均經過相當長期的發展。原專利法只保護「技術」的成果。對於生物技術之標的可專利性，較爲保留。其發展則由植物進而動物，至於動物之開放，可否會轉

[44] 參照經濟部智慧財產局專利審查基準第14章生物相關發明，https://topic.tipo.gov.tw/patents-tw/cp-682-870051-ce1b6-101.html（最後瀏覽日期：2022年4月9日）。

而對人體開放，則有待未來發展。

茲以歐洲發明專利爲例，歐洲發明專利公約未積極就發明爲定義，但於第52條第2項爲消極界定，列舉發明概念之最重要例外，因爲吾人難以就發明概念有更精準且一致性之界定其意義。惟於歐洲發明專利公約施行細則第27條（說明書之內容）第1項第2款規定，歐洲發明專利申請人應說明發明所涉及之技術範圍（das technische Gebiet），又同條第4款明定，如同於申請專利範圍（Patentansprüche）所稱之發明，縱使技術課題（Aufgabe）本身不能明示時，亦應表示該技術課題及其解決方案（Lösung），使人得以瞭解之。此外，依第69條所定保護範圍爲標準之申請專利範圍內，亦應說明發明之技術特徵。然而何謂「技術」？歐洲發明專利公約及其施行細則均未定義。於德國法院判決，則常界定發明概念，由此可推論出「技術」之定義。例如德國聯邦最高法院之裁定認爲，使用可支配之自然力，以達成因果關係上可見之成果[45]。另依1965年1月15日德國聯邦專利法院之判決，技術係指「被控制效果之自然力及合乎計畫利用之自然現象」[46]。但面臨現代科技突飛猛進，尤其在生物學上之發明意義，則有待更進一步之解釋。因此，歐洲專利局爲因應此一新情勢發展，於1981年准許第一件微生物歐洲發明專利，1989年授予第一件「基因操控的植物」歐洲發明專利。之後，更具指標案件之1990 年「患癌鼠」（onco-mouse; Krebsmaus）判決中，抗告庭首次對於動

[45] Beschluß des BGH von 27.3. 1969-Rote Taube, GRUR 1969, 672.

[46] BPatGE 6, 145/147.

物之可專利性表示意見。依該庭之見解，歐洲發明專利公約第53條第2款所稱之動物，只適用於特定種類之動物，但絕非針對所有動物。特別是對於動物基因技術上之轉變時，應審查授予專利是否違反第53條第1款所定之公共秩序或善良風俗。鑑於此項見解，審查司重新考慮哈佛學院（Harvard College）之「患癌鼠」之申請[47]。於1991年10月1日歐洲專利局准許其申請，如此成爲歐洲專利史上首次承認「基因操控的動物」（a genetically manipulated animal）具有可專利性。凡此放寬發明之解釋，使原根據活生生之物質（lebende Materie）之基因工程成果，不排除在發明保護之列，此亦與美國專利法之發展趨勢相呼應[48]。又從生物技術標的區分，可能涵蓋Low molecular products, Nucleic acids, Proteins, Microorganisms, Plants, Animals, Human Body等爲申請專利標的。但如將胚胎商品化，可能因違反公共秩序或善良風俗，而不予發明專利。

發明與發現之區分，在基因技術所衍生之生物技術標的，顯然不是件容易的事。一般而言，發現不是可專利之發明（patentable inventions）。如找尋出某物質係自然而生，此僅是發現，故不具可專利性。但某物質發現於自然界，如其係首次應從周圍之事物獨立而出，並可發展出獲得該物質之方法，則該方法具有可專利性。此外，如此物質得以其結構爲適當定性，並在未具有先前所知悉之物質存在之嚴格意義下，

---

[47] T 19/90, ABl. EPA 1990, 476，參照1990年歐洲專利局年報，頁24。

[48] 參照Rainer Moufang, Genetische Erfindungen im gewerblichen Rechtsschutz, 1987, S. 137 ff.

其具有新穎性時，則該物質本身具有可專利性[49]。但美國專利法第100條(a)款規定，發明（invention）包括發明或發現。又發明，大致可分爲物（product）之發明與方法（process）之發明。對於舊物品之新用途（New Uses of Old Products）方面，如參照美國專利法第100條(b)款規定，方法發明，亦包括已知之方法、機器、製品、物之組合或物質（material）之新用途。例如現有化學組合物具有先前未知之治療特性時，往昔專利法上，認爲其不得就舊物品申請專利，因爲僅新發明得以專利。但現在專利法爲鼓勵現有物質之新用途之研發，故可賦予用途之方法發明申請專利（method-of-use claims）[50]。至於活性有機體（Living Organisms）之自然產物（ Products of Nature）之專利保護，美國最高法院於1980年就Chakrabarty案[51]，肯定使用基因工程，將細菌降低油污。該案爲美國生物技術專利法歷史，寫下劃時代的里程碑。之後，美國專利局便陸續核准基因工程的專利[52]。

又基因序列及其適當之表現系統、蛋白質〔例如造血素（Erythropoietin, EPO）之純化方法及其組成物〕，如非習

---

[49] 參照Goldbach/Vogelsang-Wenke/Zimmer, Protection of Biotechno-Logical Matter under European and German Law: A Handbook for Applicants, Weinheim; New York; Basel; Cambrigdge; Tokyo: VCH, 1997, p. 37；王凱玲，「生物技術發明之專利保護」，國立臺灣大學法律學研究所碩士論文，頁90。

[50] 參照Chisum/Jacobs, Understanding Intellectual Property Law, New York: Matthew Bender, § 2C[1][c] (1996 Reprint).

[51] Diamond v. Chakrabarty, 447 U.S. 303, 206 U.S.P.Q. 193 (1980).

[52] 參照羅麗珠，生物技術之專利保護，田蔚城主編，「生物技術的發展與應用」，九州，1997年，頁39。

知，而具有新穎性，可取得專利[53]。

對人體或動物之外科手術或治療方法（Methods of treatment）與用於人體或動物之診斷方法，依我國專利法第24條：「下列各款不予發明專利：……二、人類或動物之診斷、治療或外科手術方法」規定，不屬發明專利標的。在舊歐洲發明專利公約第52條第4項規定，其不得視爲有產業利用性之發明，因而認爲其欠缺專利能力。惟於2000年修正時，刪除前述之規定，將之改定爲第53條第3款規定，列爲不授予發明專利之標的，此項修正，與我國專利法第24條第2款規定類似，如前所述。

(2) 奈米技術

奈米科技術或奈米技術（nanothe-chnology），近來已成爲國內外專業或一般刊物注意焦點，但是究竟什麼是奈米？什麼是奈米科技？奈米科技與發明專利之間到底有什麼關係？是近來深受重視之問題。

所謂奈米（nanometer），是屬於一個長度的單位，1奈米等於10億分之1米（10^{-9}meter），約爲分子或DNA的大小，或是頭髮寬度的10萬分之1，而奈米結構的大小約爲1至100奈米，介於分子和次微米之間。

「奈米科技」的範圍遍布各領域，若以「用途」來作分類，則可分爲奈米醫學、奈米生物、奈米光電、奈米電子、奈米化工、奈米材料、奈米機電、奈米軍事等領域[54]，若以「技

---

53 參照羅麗珠，同前註，頁39-40。

54 詳細請參閱呂宗昕，「『圖解奈米科技與光觸媒』，對於各奈米科技領域均有詳細的介紹」，商周，2003年10月，頁33-59。

術種類」來作分類，則可分為奈米原件、奈米材料、奈米檢測與表徵技術。由此看來，奈米科技涵蓋的層面廣泛，幾乎是無所不包，而每一個領域都有其領域的特殊問題[55]。奈米科技在近年快速的發展，除了科技的進步之外，還在於許多科學家[56]認為奈米科技即將引發人類社會的第四波工業革命[57]，面對著龐大的經濟利益[58]以及國際領導地位重新洗牌的壓力下，世界各國無不對於奈米科技投下龐大的資金與人力，期能在世界級的科技競賽上取得先機。隨科技日益精進，此微小化發展，更為顯著。在未有其他可替代之技術或材料出現，就現有不斷創

[55] 例如奈米醫學領域會有病人隱私權及自主權的問題，奈米生物領域則有倫理問題，而相較之下，奈米材料領域就不會有這些問題，法律制度在規範上必須要隨著其特殊性作適度的調整，詳細內容請參閱本教材以下的討論。

[56] 諾貝爾物理獎得主費曼教授於1959年12月，在美國物理學會發表一篇演說「底層之下，還有廣大空間」（There's plenty of room at the bottom），預言人類將設計出極迷你的原件和機器，詳細內容請參閱：http://www.zyvex.com/nanotech/feynman.html（最後瀏覽日期：2004年2月27日）。

[57] 第一次的工業革命是「機械化」的革命，18世紀中葉，大量以機械取代人力，帶動機械產業；第二次的工業革命是「電氣化」的工業革命，19世紀熱力學及電磁學發展成熟後，以內燃機及發電機取代蒸氣機，開啓人類在電力上的使用；第三次工業革命則是「資訊化」的革命，20世紀電子計算機、電晶體、積體電路乃至個人電腦，每一項發明均帶動一波躍進式的產業進步，不僅促進半導體、電子、光電、通訊資訊，甚至和生物技術相結合，而科學家們預言的第四次工業革命係以「奈米」為主軸，稱為「奈米化」工業革命，原有的化工、電子、光電、機電、生物、醫學等領域，再與奈米科技結合後，各科技領域將展現新的發展，參閱呂宗昕，「『圖解奈米科技與光觸媒』對於各奈米科技領域均有詳細的介紹」，商周，2003年10月。

[58] 目前奈米科技已引起投資大眾的興趣，只要公司發表新的奈米技術，公司股價就會上漲，甚至只要公司名稱中有nano的字眼出現，即使公司業務與奈米絲毫沒有關係，對於股價也會有正面的助益，詳細請參照：http://www.nanoinfo.org/news/Content.asp?Id=012003121412540548&CurrentPage=1（最後瀏覽日期：2004年2月27日）。

新技術所涉及知識創新之成果保護，更是新興的重要智慧權議題。

奈米科技運用在醫學上，可能會發生該奈米產物之使用到底算是一種藥物（物品專利）還是一種醫療方法（方法專利）之問題，舉例來說，奈米科技運用在癌症醫療的研究，將抗癌物質藥物包裹在100奈米左右的微粒中，這種大小的微粒可以穿透癌細胞旁之微血管，並進入癌細胞內釋放出藥物。再者，其亦可以將含有藥物的奈米殼體（nanoshell）注射於腫瘤部分，在紅外線照射下，殼體的溫度會升高至可殺死細胞的程度，並釋出藥物[59]。此外，奈米技術也發明如膠囊大小般的內視鏡，使病患可以輕鬆呑入體內進行掃描，以減少病患的痛苦[60]，這些奈米技術之應用到底是屬於醫療方法專利，還是物品專利，不無疑問。如認爲這些奈米技術專利之申請是物品專利之範圍者，得以賦予發明專利。反之，如果其認爲其屬於醫療方法專利，在我國及日本則無法賦予專利之保護。

「奈米」技術專利，可能包含發明、新型及設計專利。從專利標的加以區分，可以發現：有屬於物品專利（例如一種奈米級閉迴路四軸平台機構、奈米顆粒電場特性試驗儀、改質型層狀黏土與含有此黏土之環氧樹脂／黏土奈米複合材料、官能基化奈米碳球衍生物、含反應性奈米級粒子之粉末塗布組

[59] 參照呂宗昕，「『圖解奈米科技與光觸媒』對於各奈米科技領域均有詳細的介紹」，商周，2003年10月，頁56-59。

[60] 參照鄧曉芳，「醫療技術之公共利益V.S.生技醫療產業之發展——從日本特許廳擬承認醫療專利談醫療專利之利弊」，科技法律透析，第15卷第5期，2003年5月，頁31。

合物）；有屬於方法專利（例如貴重金屬奈米粒子之製法、奈米級膠體二氧化矽變形微粒之製作方法、製備水性奈米複合物分散液之方法、一種製備奈米級金粒子的方法、具有增進電子場發射性質之以奈米管爲主之材料的製造方法、奈米級抗污防菌之方法、中空奈米碳管之製造方法、奈米級（nanoscale）YAG螢光粉體之製造方法、奈米級a型氧化鋁微粒粉末製造方法、應用奈米管增加半導體元件電容之方法、導電性奈米級高分子複合材料的製備方法）；有屬於物品及方法專利（例如奈米結構金屬粉末及其製作方法、控制奈米碳管長度之方法與裝置、奈米結構碳化鎢陶金及其製造方法、具有從奈米至微米內部直徑之空心纖維管，及其製造方法、奈米電子元件，包含該元件之電路，以及在該元件中達成電晶體動作和整流交流電壓之方法）等類型。

(3) 電子商務與資訊

電子商務運用已成趨勢。有關技術是否該授予專利，以各國實務發展而論，過去授予專利是否過寬，近來引起討論，此等發展值得注意。過去實務上可能之運用類型與問題：

① 網路搜尋方法、郵資傳送、電子購物袋、網路伺服器接近使用控制及監視系統、線上付款保全、線上反向議價等電子商務運用之方法。

② 電子商務方法是否爲法定專利標的（商業方法及數學演譯法除外原則）。

③ 電子商務方法是否符合專利要件（新穎性、進步性及產業利用性）。

④ 美國實務上，於State Street Bank v. Signature Financial

Group案，即所謂State Street test[61]，以商業方法具有實用、具體及有形的結果（useful, concrete and tangible result），方可取得專利權[62]。之後，聯邦巡迴上訴法院（United States Court of Appeals for the Federal Circuit）就In Re Bilski案[63]，針對商業方法（business methods）之方法專利（patenting of method claims），認爲前述State Street Bank v. Signature Financial Group案不應援用，對於專利適格（可專利性）之標的，採取機器或轉換原則（"machine-

---

[61] State Street Bank v. Signature Financial Group, 149 F.3d 1368, 47 U.S.P.Q.2d 1596 (Fed. Cir. 1998). See http://www.cafc.uscourts. gov/images/stories/opinions-orders/07-1130.pdf (last visited 2012/8/4).

[62] 關於「商業方法」本身具不具可專利性的議題，早在1998年的Signature v. State Street之美國CAFC判決書中明確說明，另參考智慧局1998年之軟體審查基準。有關USPTO將所謂「Automated Financial or Management Data Processing Method Patents」，簡稱爲「Business Method Patents」（中譯雖爲「商業方法專利」，國內專家提醒不應將之誤以爲「商業方法」本身是具可專利性）。電子商務專利是否具可專利性的議題，有認爲國際間基本上對於可專利性的看法已趨於一致，也就是不能因它是從事商業方法而特別加以看待，審查機關更不能以其係屬從事商業方法爲由，便加以核駁之，仍應審視其技術本質來判斷其可專利性，但是此並不表示任何從事商業方法便具有可專利性了，而仍須看該方法是否產生「有用的、具體的與有形的結果」而定，亦即端視該發明是否具有實際應用，而非關其是否屬於從事商業方法。事實上，各國對於電子商務專利所爭論的焦點，並非在於可專利性的議題上，而是在於專利要件之新穎性與進步性（或稱非顯而易見性）的認定標準上，像是歐洲（尤其是德國）在進步性認定標準便不若美國來得寬鬆。認爲若僅只是將商業方法移植於網路技術之上，便如同舊瓶裝新酒一般，未能在技術上予以創新，加值所謂「technical effects」（也就是一般所稱之「單純電子商務專利」），此爲熟習該項技術者所輕易完成，並不構成進步性。參照袁建中，在網路中，誰先進入市場並不重要；重要的是誰先取得專利！——電子商務專利大戰一觸即發，http://www.tipo.gov.tw/pcm/pro_show.asp?sn=58（最後瀏覽日期：2005年7月31日）。

[63] *In Re Bilski*, 545 F.3d 943, 88 U.S.P.Q.2d 1385 (Fed. Cir. 2008).

or- transformation test” for patentability）。換言之，方法專利之申請專利範圍如有下列情形符合專利法第101條之專利適格標的之要件（patent-eligible subject matter under §101）：「(1)其係與特定之機器或裝置搭配一起，或(2)其將某特定物件轉換為另一不同之狀態或物。」[64]

我國專利實務，將相關產業分為資訊（G06F）與電子商務（G06F17/60）兩類。在資訊方面，我國實務審查基準，認為：「發明之特徵僅為資訊之內容時，此種單純之資訊揭示不具有技術性，不符合發明之定義。前述單純之資訊揭示包含：

A.資訊之揭示本身，如視聽訊號、語言、手語等。

B.記錄於載體（如紙張、磁片、光碟等）上之資訊，其特徵在於所載之文字、音樂、資料等。

C.揭示資訊之方法或裝置，如記錄器，其特徵在於所錄製之資訊。

惟若資訊之揭示具有技術性時，則記錄資訊之載體或揭示資訊之方法或裝置的發明符合發明之定義；揭示之安排或方式能與資訊內容區分時，亦可能具有技術性而符合發明之定義。」

(4) 傳統知識

人類創作成果之保護新類型之問題，國際間目前相關熱

---

[64] A claimed process is surely patent-eligible under §101 if: (1) it is tied to a particular machine or apparatus, or (2) it transforms a particular article into a different state or thing. *See* Benson, 409 U.S. at 70 (“Transformation and reduction of an article ‘to a different state or thing’ is the clue to the patentability of a process claim that does not include particular machines.”).

門之議題，即傳統知識（traditional knowledge）、基因資源（genetic resources）及民俗創作（floklore）是否該保護問題。民俗創作屬著作問題，已有原住民傳統智慧創作保護條例及相關法規，可資適用。惟涉及技術思想之傳統知識成果保護，因其已經過保護期限，故尚無可適用之法源。至於基因資源如涉及技術，則可能是生物或基因技術專利問題。該等傳統知識因年代久遠，要採取如何防禦或積極措施，是否讓其權利保護重生，而將之歸類於專利法？或另創設獨立權利（sui generis rights）。又因受限於新穎性等專利要件，對於傳統知識之原發明或再發明如何保護，以及權利歸屬主體等問題，均相當重要，但基於專利法制之認識，應有過去之歷史觀、現在學說及實務見解之掌握，以及未來專利政策之規劃，均相當值得注意，因此，本課宜針對講課時，可能國際或國內發展加以留意及介紹。

二、新型專利之標的與要件

(一) 新型專利之意義及法定標的

新型專利之保護標的，不及於方法發明，惟所謂「型」[65]，是否限於一定「空間形態」，在過去行政法院判決

[65] 最高行政法院71年度判字第608號判決：「按新型爲利用自然法則之技術的思想之創作，固與發明有相同之處，縱其所要求者不如發明之高度，且重在型之創新，故所用之原理相同，作用目的相同，惟若其構造設計上有不同，仍不失其爲新型。專利法第九十六條第一款所謂申請前已見於刊物者，須該刊物所載與專利申請內容相同者，始有其適用。本案之裝置在構造上與日本『衝擊起子』專利所記載者顯有不同（V形谷槽裝置地方不同）自不合已見於刊物之要件。

不乏判決採取如是見解，不過1994年修正專利法時，立法理由稱爲使新型定義之定義更爲明確，該條修正參考日本實用新案法第1條，之後2004年修法專利法重申此旨，不過日本法條之條號改爲第2條。第2條第1項規定：「本法稱『創作』者，係利用自然法則之技術思想的創作。」過去日本也採新型說，後來不限於空間形式，而包括「考案」。德國新型法於1990年3月7日法律修正（BGBl. I S. 161）亦放棄「空間形式」（Raumform）要件，將新型保護開放予所有技術發明，但對方法發明仍在排除適用之列。我國新型定義於專利法第104條，該文規定：「新型，指利用自然法則之技術思想，對物品之形狀、構造或組合之創作。」以現行條文宜與德、日相似，採不以空間形式爲限，但不及於方法發明，而利用自然法則之技術思想，作爲新型保護標的。

2011年略爲修正第104條所稱新型之定義，因新型之標的除物品之形狀、構造外，尚包含爲達到某一特定目的，將原具有單獨使用機能之多數獨立物品予以組合裝設者，如裝置、設備及器具等，非僅限於「裝置」，爲求文義精確，參酌日本實用新案法第1條、韓國新型法第4條及中國大陸專利法第2條規定，將現行條文之「裝置」修正爲「組合」。因此，新型，係

又日本專利案之『護環』，原告於訴願時所提附件僅有影印之照相圖而無實際機械構造圖，亦難謂爲已見於刊物。矧本案之構造既與日本專利案不同，縱其所用之原理相同，作用目的相同，然相對位置變更，在製造、維護上即有顯著之不同，揆諸首揭說明，自難謂爲不合新型專利之要件。被告機關以本案並未違反專利法第九十五條、第九十六條之規定，審定舉發不成立，並無違誤。」另參照臺北高等行政法院92年訴更一字第19號判決也採取類似見解。參照經濟部智慧財產局，「93年專利行政訴訟裁判選輯」，2005年8月，頁3以下。

指利用自然法則之技術思想，對物品之形狀、構造或組合之創作。

新型專利與發明專利有何不同？臺灣高等法院曾著判決認爲，新型專利著重於物品之形狀、構造或裝置之新穎性，至於功能之首創性，尚非新型專利之必要條件。又專利保護採屬地原則，經我國專利主管機關審查核發之專利，未經撤銷確定前，即爲有效之專利。而不同專利申請案須個別提出申請，由各國專利主管機關審查決定是否核發，以及在何種範圍核發專利，主管機關審查後即爲各自獨立之專利權，由該法域自行決定保護範圍及方式。系爭專利爲新型專利，只須具備新穎性，縱功能非首創，亦非不受專利法保護[66]。惟須要留意者，上述實務見解所強調功能之首創，以現行專利法觀點，發明雖不少具有首創之前瞻發明（pioneer invention），但具有進步性之物品或方法之改良發明，亦可能取得發明專利。發明與新型之不同，在於進步性程度之高低，而非取決於原發明或原新型之功能上之是否「首創」。

新型重在型之創新，雖其所用之原理相同，作用目的相同，惟其構造設計上有所不同，仍不失其爲新型；即新型專利應用之手段，在原理上縱非全新，乃習知技術，但如在空間形態上係屬創新，並較原物品在形狀、構造或裝置上能增進某部之特殊功效時，即應認爲合於新型專利要件。例如系爭專利特徵在於副鏡二鏡框間的連接框前側設有一體成型的翼片，該翼片並可遮覆住主鏡的連接框，又螺接柱係設於鏡框外緣的內側

[66] 臺灣高等法院94年度智上字第59號民事判決。

面，不會顯現於外，能提高整體外觀的美感。此種特徵係對物品之形狀、構造或裝置之改良，符合專利法所定新型專利之定義。至於外觀之美感，爲形狀或裝置改良之效果，並非純以外型美觀作爲新型專利之標的[67]。

(二) 新型專利之保護要件

新型之專利要件，主要新穎性、進步性與產業利用性之「專利三性」要件[68]，其性質上與發明專利之專利要件並無不同，且其得主張優惠期，及所主張優惠期之事由，與發明專利之規定亦無二致，實無重複規定之必要，因2011年修正時，刪除舊法第94條規定，並於修正條文第120條增訂準用修正條文第22條規定。

---

67 最高行政法院94年度判字第1863號判決。

68 過去新型要件，則要求首創性與合於實用，此類判例，不宜再適用，請留意。例如最高行政法院50年判字第19號判例（已廢止）：「凡對於物品之形狀構造或裝置，首先創作，合於實用之新型者，始得申請專利，爲專利法第九十五條所明定。其非因研究實驗，而於申請專利前已在國內公開使用，他人可能仿效，或非因從事實驗，而於申請專利前已大量製造者，即不得稱爲新型，同法第九十六條第一款及第五款亦規定甚明。雙轉環（釣魚業用品）之構造，原告既自承非其始創而僅加以改良，原難認係原告所首先創作。且原告之金龍式雙轉環，在申請前已在國內大量製銷，公開使用，他人亦已仿效，又係出售圖利，並非從事研究實驗。是其不得稱爲新型，尤甚顯然，自無申請專利之餘地。原告前於請求再審查程序中，雖經中央標準局認其金龍式雙轉環不失爲新型創作，准予專利十年，惟於公告期間，因有多人提出異議，復經該局審定異議成立，認該金龍式雙轉環與其他工廠及日本出品並無顯著差異，難稱首創，實用上亦無確實之利益。乃將原告再審查審定之專利予以撤銷，其前後見解，固不一致。惟該局依法既有審定異議之權限，則其於異議程序中爲審定時，自非不可採取與前此不同之見解。」此可理解新型專利要件之新舊專利法規定之差異。

在新穎性方面，須非公知、非公開實施或未見於刊物。我國新型專利制度乃採絕對新穎性，亦即新型專利申請案，只要在提出專利申請前，其請求保護之專利特徵已公知、已見於刊物或已公開實施（不論國內或國外）下，即有專利法新型、新穎性消極要件之適用，故申請人於事後才向我國提出該項專利申請，即已喪失新穎性，而不符專利申請要件。此所稱「刊物」，係指國內、國外之雜誌、新聞紙、書籍、商品說明書（型錄）、傳單、海報等印刷品，具有公開性之文書或圖畫，可供不特定之多衆閱覽之謂。例如系爭專利早在1990年起，即在臺灣鐵路管理局之改善工程中，大量公開實施與使用，並非僅止於研究試驗階段而已，倘若申請人至1995年3月7日始提出新型專利權之申請，系爭專利於申請前已公開使用，自喪失新穎性[69]。

在實質內容，發明與新型兩者之主要差別，在於進步性。新型要求之進步性，準用發明專利規定，於第22條第3項，其需要：「非爲其所屬技術領域中具有通常知識者依申請前之先前技術所能輕易完成者。」兩者之差異在於能輕易完成之差異，其主要在於量上之問題，發明之技術水準較高於新型，從通常從事之技術人士觀點，發明更不能輕易完成[70]。

[69] 參照最高行政法院94年度判字第1917號判決。

[70] 在過去實務上新型專利有刑事責任時期，將進步性與創作性混用，宜避免之。例如臺灣高等法院83年度上易字第5641號刑事判決：「經查告訴人之專利權新型第五九九七六號，經伍〇實業股份有限公司舉發，經濟部中央標準局審定結果，以該專利屬兩習知結構之簡易組合，整體亦無相乘之效，不具創作性，認違反修正前專利法第九十五條、第九十六條第五款之規定，舉發成立，應撤銷其專利權，有該局八十三年六月六日台專利判〇二〇二七字第一一四一八三號

世界主要國家新型專利審查制度，均將技術層次較低之新型專利，捨棄實體要件審查制，改採形式審查，因此，2004年修正施行之專利法，改採形式審查，以達到早期賦予權利之需求（修正條文第111條至第113條）。惟按形式審查，即專利專責機關對於新型專利申請案，審查對象限縮於新型專利之形式要件，不包括專利實質要件。而對於形式要件究包括哪些事項，事涉人民權益，爰參考日本實用新案法第6條之2、韓國實用新案法第35條第2項、第11條、第12條、德國新型法第4條、第8條規定，於第1項明定新型專利之不予專利之相關規定，俾專利審查人員及申請人有所遵循。即第112條規定：「新型專利申請案，經形式審查認有下列各款情事之一，應爲不予專利之處分：

一、新型非屬物品形狀、構造或組合者。

二、違反第一百零五條規定者。

三、違反第一百二十條準用第二十六條第四項規定之揭露方式者。

四、違反第一百二十條準用第三十三條規定者。

五、說明書、申請專利範圍或圖式未揭露必要事項，或其揭露明顯不清楚者。

專利舉發審定書影本可稽，是告訴人之專利權既已不存在。」地方法院判決亦有類似情況，並不稱產業利用性，而使用實用性之用語。例如臺灣臺北地方法院88年度自字第445號刑事判決：「『改良之瓦斯烤爐紅外線加熱裝置』固然在導流器（包含長直板體及導流板）、防漏迫緊片等構件上，及殼體與通口間、導流器與殼體間的結合方式，有創作性及實用性，而獲經濟部中央標準局核發新型專利證書。」

六、修正，明顯超出申請時說明書、申請專利範圍或圖式所揭露之範圍者。」

由以上觀之，新型僅作程序審查，至於是否完全不進行實體審查，似有待斟酌。換言之，按第105條規定「新型有妨害公共秩序或善良風俗者，不予新型專利」，事涉消極專利要件之實體審查，故與其稱為「形式審查」，不如稱「低度」或「有限度」之實體審查。

由於新型專利改採形式審查，未對其新穎性及進步性進行實質審查，導致新型專利權之權利內容有相當之不安定性及不確定性。為防止利權濫用，影響第三人對技術之利用及開發，並於行使權利時有客觀之判斷資料，現行法遂規定，行使新型專利權時，應提新型技術報告進行警告。

於2004年修正施行之專利法時，參考外國立法例，引進新型專利技術報告制度，任何人於新型專利公告後，均可向專利專責機關申請新型專利技術報告。另為防止新型專利權人利用此制而濫用行使權利，對第三人技術利用及研發帶來相當大之危害，爰參考國際立法例，新型專利權人於行使權利前，應提示由專利專責機關所作成之新型專利技術報告（參照第115條至第117條）。又參照日本實用新案法第29條之2規定，明定新型專利權人行使其權利時，應提示新型專利技術報告進行警告。再者，新型專利是否符合專利要件，固可依第115條申請新型技術報告，惟因申請新型專利技術報告可能耗費時日，其間若有緊急狀況而須迅速行使其權利，抑制損害之擴大時，若仍要求新型專利權人必須取得技術報告後，始能行使其權利，顯然不符實際需要，而對權利人之權益造成不當傷害。從而，若新型專利權人已盡相當之注意義務，例如在審慎徵詢過相關專業人士（律師、專業人士、專利代理人）之意見，而對其權利內容有相當之確信後，始行使權利，似不宜逕行課以責任。爰參照日本實用新案法第29條之2規定，推定新型專利權人為無過失，明定於舊法第105條第2項：「如係基於新型專利技術報告之內容或已盡相當注意而行使權利者，推定為無過失。」2011年修正，條文改為第117條但書，舊條文第2項係屬新型專利權人舉證免責之規定，自應由新型專利權人負舉證責任，為使舉證責任之分配更加明確，因此，修正移列但書規定。

又102年5月31日修正（102年6月11日公布）專利法第116條規定，新型專利權人行使新型專利權時，如未提示新型專利技術報告，不得進行警告。該條係參酌日本實用新案法第29條之2規定，該法明訂，新型專利權人行使其權利時，應踐行提示新型專利技術報告進行警告，非經提示技術報告予以警告不得行使其權利。因此本次修正原規定不清楚之處，明定「提示」、「警告」列為主張本法侵權行為態樣之先行程序，亦即提示新型專利技術報告應為主張其權利之要件之一，並進行警告後方得行使專利法賦予之權利，包括損害賠償請求權，未經提示技術報告進行警告後，應不得主張其新型專利權。因而可使得技術報告在行使新型專利權的地位更為重要。如於侵權行為發生時，以專利法作為救濟途徑之特別法地位，藉以落實專利權人主張其新型專利權時必須提示新型專利技術報告以先行警告之法理。

按新型者，係指利用自然法則之技術思想，對物品之形狀、構造或組合之創作。新型說明應明確且充分揭露，使新型所屬技術領域中具有通常知識者，能瞭解其內容，並可據以實現。申請專利範圍應明確記載申請專利之發明，各請求項應以簡潔之方式記載，且必須爲新型說明及圖式所支持。凡可供產業上利用之新型，其於申請前已見於刊物或已公開實施者，不得申請取得新型專利。而新型爲其所屬技術領域中具有通常知識者，依申請前之先前技術能輕易完成時，亦不得申請取得新型專利。在判斷新型進步性，係以先前技術爲基礎，在產業之原有技術基礎上，判斷專利申請案是否具有進步性，其重點厥在專利之創作與先前技術的差異是否容易達成。在認定渠等間之差異時，應就專利申請案之創作爲整體判斷，而非其構成要件分別考慮之。換言之，判斷是否符合進步性要件，並非就專利申請案之創作之各個構成要件，逐一與先前技術加以比較，而係就申請專利範圍之每項請求項所載發明或創作整體判斷，審視其所屬技術領域中具有通常知識之人或熟習該項技術者，是否對先前技術顯而易知或依據申請前之先前技術所能輕易完成者。準此，判斷是否具備進步性，得以一份或多份引證文件組合判斷[71]。

除新型專利三性要件外，新型專利亦應符合充分揭露原則。新型申請專利範圍將專利申請之創作技術內容，加以抽象化及概括化之記載，故申請專利範圍必須有充分明確，藉由揭露之方式，告知公衆知悉法律賦予專利之保護範圍，並據以認定潛在之競爭者是否構成專利侵權。再者，創作所屬技術領域

[71] 參照智慧財產法院100年度行專訴字第113號判決。

之通常知識者為判斷，即專利申請範圍之每一請求項，除其所記載之範疇及必要技術應明確外，每一請求項間之依附關係，亦應明確化。使熟習該項技術領域之人或所屬技術領域中具有通常知識者，參酌新型專利說明書之說明及圖式之教導，其無須過度實驗或研究，即能達成創作之技術內容所載之目的。又系爭專利說明書符合實現可能性、明確性、簡潔性等記載要件之要求，亦應為專利說明書所支持（支持要件）[72]。以上有關新型專利申請之記載要件，參照專利法施行細則第45條規定，第13條至第23條規定，於新型專利準用之。

▲實例問題

1. 新穎性要件與見於刊物

最高行政法院50年判字第126號判例：「原告以塗膠香蕉莖纖維編織品申請新型專利，經中央標準局一再發交專家審查，認定該項編織方法及構造，非原告所首先創作，經一再審定不予專利。原告申請被告官署為最後之核定，經被告官署交所屬聯合工業研究所審查，認為使用蕉類纖維原料以編織蓆類物品，於日本昭和十五、十六、十七年間（按即民國二十九、三十、三十一年間），已經有人發明使用，並見諸日本刊物。至於塑膠液之應用範圍甚廣，編織品塗塑膠液，僅為其用途之一種，並無特殊之處，因而最後核定，仍維持中央標準局不予專利之再審定。原告雖主張日本所用之蕉類纖維，其植物係實芭蕉而非香蕉。惟實芭蕉與香蕉均屬於蕉類，既同係使用其纖

[72] 同前註。

維編織成物，殊難謂其構造上有何不同。原告申請之塗膠香蕉莖纖維編織品，自難認係原告創作之新型。被告官署原處分（最後審定）仍不予專利，於法顯無違誤。」

2. 新型專利要件採取絕對新穎性：「所謂刊物，原無中外之別」

最高行政法院50年判字第58號判例：「新型專利權之取得，必以其物品之形狀構造或裝置，首先創作，合於實用為要件。而該製品如在申請前已見於刊物，即不能謂係新型而呈准取得專有製造、販賣或使用其新型之權。本件原告物品，既經試驗不適實用，原已不合於申請專利之要件，且其製造方法，又早見於日本刊物。原告雖主張其製品與日本教材獻記載之製法及用料均有不同，但其以植物副產品加粘結劑，壓榨成形，初無二致，顯難謂原告係創作新型。至所謂刊物，原無中外之別，原告主張日本教材獻不足採用，殊於法無據。又專利法第四十二條後段規定其發明若為一種方法者，包括以此方法直接製成之物品等語，乃專指發明方法而言，與同法第九十五條規定之新型創作，截然兩事，原告混為一談，其見解尤非可取。」

3. 是否以物品之空間形態為唯一新型之保護標的、新穎性與進步性概念應辨明、等效元件非屬於新穎性，而是進步性之專利要件問題

最高行政法院87年度判字第77號判決：「依專利法第九十八條第二項規定，新型係運用申請前既有之技術或知識，而為熟習該項技術者所能輕易完成且未能增進功效時，雖無同條第一項所列情事，仍不得申請取得新型專利。非謂物品之空間形態一有不同，即得稱爲新型而申請取得專利。查本件經訴願機關將本案申請書、異議書、訴願理由書、答辯書等送請財團法人工業技術研究院機械工業研究所審查結果認爲：本案利用圓柱實心之優力膠彈性塊迫壓鋼珠與樞接軸與引證案一、二利用彈簧、鋼珠之迫緊結構其達成功效、整體結構及必要元件之連接關係三者均爲相同，本案之彈性塊與彈簧應屬等效元件，故本案不具新穎性。另本案稱優力膠彈性塊具有耐用，不會氧化之優點，且不須經過熱處理及表面處理等程序，唯此乃材料特性，非本案之結構、裝置有所創新而獲致者，本案難謂具有功效上之增進，本案自不符合新型專利要件等情，有審查意見書附訴願機關卷可稽，此項由專業學者所爲之審查鑑定，具有專門性、客觀性及公正性，自足採信。查本案所載明之新型標的爲自行車快拆鎖固裝置，其特徵雖明確界定於彈性塊，惟比較本案與引證案一、二可知：本案之結構組成、必要元件之連接及作動原理均與引證案相同，該彈性塊與引證案中之彈簧屬等效元件，故本案不具新穎性。又本案優力膠彈性塊具有不氧化，且不須熱處理及表面處理等優點，惟此乃材料原有特性，並非爲本案創作所獲致之功效者，本案並不具增進功效之進步性，自不符合新型專利要件。原告謂本案具有新穎性及增進功效，係其個人一己之見，不足採憑。被告所爲本案異議成立，應不予專利之審定，並無違誤，一再訴願決定遞予維持，亦無不合，原告起訴意旨，難認有理由，應予駁回。」

4. 簡易組合不具進步性

最高行政法院87年度判字第109號判決：「一般汽車、窗形冷氣機爲達到靜音，其風速、風量皆不宜太大，而裝置本案，將增加阻抗，爲期達到原有之冷房效果，勢必加大風速、風量，致增大噪音，降低使用品質，故一般市面上與本案類似之空氣清淨機皆爲單一機體，而不爲原機體之附加；況本案可否廣泛運用於汽車、窗形冷氣機，復須考量有關材料老化後，能否在衝擊／振動環境下仍具有固著安全裕度。被告以本案之構造特徵已揭露於引證資料，且本案可簡易快速抽取集塵網片，以利清洗更換之功效亦與引證資料無異，顯不具進步性。又衡酌新型創作之可專利性，並非僅考量空間形態之差異，猶須審酌其技術手段之非顯而易知性及所生之增進功效。非謂物品之空間形態一有不同，即得稱爲新型而申請取得專利。本案運用之技術手段及原理已見於引證一、二，均屬熟習空調技術人士廣泛採用之習知技術，且不具進步性，自不得申請取得新型專利。本案應用於汽車方面之安全性考量，乃基於運輸工具行進間一旦發生事故，對車內載員究否易致汽車製造廠原廠香劑已見於汽車冷氣出風口位置作爲本案安全無虞之論據，茲原告復以前揭事實欄所載理由，起訴主張本案配合高架之冷氣機使用，可有效擴大空氣之清淨作用……本案在申請前，從未見有任何裝置對未具清淨機效用之舊式冷氣機，針對以上之缺失，提出解決之方法，而後並見有新型兼具清淨機效果之冷氣機開發出，由此更可證明防止灰塵進入冷氣機確具效用，但迄今仍未有人提出解決舊式冷氣機之有效方法，如何稱本案爲熟習該項技術者所能輕易完成者云云。但查本案構造特徵中『在罩殼內軌式滑槽……以達成電氣連通、淨化通過之空氣』及『可經由側緣開口插置或取卸過濾網片』等技術，皆已揭露於舉發證據附件二、四，且本案可簡易快速抽取集塵網片，以利清洗更換之功效亦與舉發證據無異，尙不具進步性，故本案自不符合新型專利之要件。至於原告所稱『本案在申請前，從未見有任何裝置對未具清淨機效用之舊式冷氣機……提出解決方法』者，原告於起訴理由，既自承『……即或如此……最多亦不過爲運用申請前既有之技術或知識而已……』，可知原告於本案所運用之技術手段均屬熟習空調技術人士廣泛採用之習知技術，且爲易於思及之簡易組合，又未見具顯著功效之增進，本案不具進步性之審定，應無違誤。末查原告起訴理由，訴稱『至於原處分機關之上級機關—經濟部及行政院，另外於理由中自行提之見解謂……此更令人有種啼笑皆非外行人充內行之感覺……』云云。然由原告於起訴理由中亦稱『是以可證本案即會增加阻抗，亦爲有限』，可知行政院於再訴願決定書所述『……再者，一般汽車、窗形冷氣機爲達到靜音，其風速、風量皆不宜太大，而裝置本案，將增加阻抗，爲期達到原有之冷房效果，勢必加大風速、風量，致增大噪音，降低使用品質，故一般市面上與本案類似之空氣清淨機皆爲單一機體，而不爲原機體之附加』，應屬無誤；況本案在原機體上之附加，又屬熟習空調技術人士所易於思及之簡易組合，自不具進步性，從而原告所訴各節，均非足取。」

附註：本案使用「易於思及」，此屬於設計創作性要件所使用之標準，宜避免用於發明或新型之進步性要件中。

5. 所謂見於刊物與新穎性、審查基準於法律實務之適用問題

最高行政法院91年度判字第312號判決：「專利法第九十八條第一項第一款所謂『已見於刊物』者，指刊物已公開發行達於不特定之多數人足以閱覽之狀態，並可依據刊物所記載事項及相當於有記載之事項，據以判斷而得知新型之技術內容者而言，爲被告訂定之專利審查基準二－二－七所明載。」

「經查引證資料工研院前述鑑定報告，係異議人嘉○機械有限公司委託工研院鑑定惠○特股份有限公司所生產之『夾層防水隔熱板製造機』與沈○錦先生所擁有『夾層防水隔熱板製造機結構』及『夾層防水隔熱板製造機結構追加三』申請專利範圍是否相同。此有該鑑定報告第一項關於鑑定事項之記載可稽，是此鑑定報告係應異議人請求所作之鑑定意見，自非出於公開發行之目的，且鑑定報告通常係供特定案件特定人之參考，尚難認鑑定報告作成後即已公開發行達於不特定之多數人足以閱覽之狀態，故原告前述主張尚非無據。

查依前引專利審查基準二－二－七所定，該鑑定報告是否已公開發行達於不特定之多數人足以閱覽之狀態，爲本件新型專利申請是否具備新穎性之關鍵，事關重要，詎被告並未命異議人舉證證明該報告已達對不特定之公衆公開發行程度，遽以本案新型專利申請違反專利法第九十八條第一項第一款規定，爲本案異議成立，應不予專利之審定，核與前引專利審查基準二－二－七所定有違，殊嫌速斷，尚難據以認本案具有專利法第九十八條第一項第一款規定不得申請新型專利情事。」

6. 新穎性審查之觀察方法、產業利用性

最高行政法院91年度判字第319號判決：「按比較兩新型專利是否同一，應就其目的、形狀、構造、功效等整體觀察，若一不同，即非同一。兩案係相同技術領域內容之新型創作，其主要構件雖部分相同，惟經比對其申請專利範圍所述之技術內並非完全相同，已如前述，原告僅就兩案之目的及其構成必要組件作原理上之比較，而認定引證案與本案相同殊無可採。有關『加熱板』之功能，雖在面詢時，關係人未有任何明確之答覆，惟在習用技術領域中確實已有此種『加熱板』構造組件可獲得利用，故其雖爲習用設備，然本案將其引用以增進加熱功效者實爲引證案所無，已據被告答辯在卷。

本案之加熱板既係習用技術轉用於本案，關係人於面詢時縱未爲答覆，審查人員仍可由其專利說明書中所述予以專業判斷，不能遽指其爲虛僞，所請提出實品與關係人、審查人員等對質殊無必要。

再者，所謂非可供產業上利用之發明爲未完成之發明或非可供營業上利用之發明或實際上顯然無法實施之發明。原告主張本案製造較費時費工，即令屬實，亦非屬非可供產業利用者。綜上，本案既與引證案非原同一新型，無專利法第二十七條規定之適用。被告爲異議不成立之審定，核無違誤，一再訴願決定，遞予維持，亦均無不合。至原告提出之第二八一〇五七號『水床體內獨立氣囊』專利公報（八十五年七月十一日公告），係於本件訴訟時始提出，未於本案異議審查階段提出送交關係人答辯，非爲本件審酌範圍。原告起訴意旨爲無理由，應駁回其訴。」

7. 視覺上之美觀與否並非新型專利標的

臺北高等行政法院89年度訴字第92號判決：「原告起訴補充理由謂系爭案之外形平整美觀；引證案之六角螺帽底部之凸緣將凸露於吊掛架本體背面，造成不平整，無法平置而有缺失，且視覺上亦不美觀云云。惟視覺上之美觀與否並非新型專利標的，非爲新型專利之範疇。且參加人於言詞辯論期日提出之原告出售之產品，其外加U型扣板鎖扣底部之凸緣，亦凸露於吊掛架本體背面，造成不平整，無法平置，是系爭案於實際產出時，亦有同樣缺失。從而，被告於公告期間，因參加人之異議，以系爭案與引證案所用之技術手段、作用、功效相同，且系爭案套設座與掛置板間僅僅嚙合而已，不若引證案界凸緣嵌合而具良合固結作用，認系爭案申請之新型專利範圍，應屬熟習此技術者，運用既有技術知識所能輕易變更完成，且未增進功效，難符新型進步性之要件，應不予專利，據以認定異議成立，爲應不予專利之審定，洵無違誤，訴願決定予以維持，亦無不合。原告起訴意旨爲無理由，應予駁回。」（按：現已無異議制度）。

8. 專利要件之爭議與證據能力問題

最高行政法院92年度判字第1569號判決：「經查：申請新型專利是否能獲准，審核之要件在於其標的物是否具有新穎性、進步性及產業利用性，如相同之技術已於申請前見於刊物、或已公開使用者，其申請案即不具新穎性，縱使該已公開之技術係抄襲他人者，亦不影響其已公開之事實，自仍具有證據能力。故用以舉發之證物是否爲系爭專利原案之仿製品，並非本件舉發案審究之範疇，參加人檢附引證資料舉發系爭案於申請前已見於刊物、已公開使用，及係運用申請前既有之技術或知識，而為熟習該項技術者所能輕易完成且未能增進功效，不具新穎性、進步性云云，被上訴人據以審查，於證據法則並無違背。」

9. 專利要件之爭議與私文書之證據力問題

最高行政法院91年度判字第219號判決：「查原處分及一再訴願決定已肯認依引證一之發票、引證二之產品型錄及引證四之照片，可證明早於本案申請前，已有型號九〇三一、九〇三二等機種之可程式耐壓絕緣測試機及安規測試系統之公開銷售，且原告於八十七年四月十七日舉發補充理由書內亦陳明引證實物已銷售予客戶，如被告基於審查之必要，而欲作現場實物比對時，請通知以安排時日等語，則依引證一、二之發票、型錄，再配合實物勘驗及對於購買者之調查，系爭專利電路構造之技術特徵是否於八十四年三月二十二日申請前即為引證案公開使用於其所銷售之機種，自不難查明。究竟引證案何時已公開販售？其電路構造是否與本案相同？被告未依原告申請勘驗實物，遽以引證一之發票、引證二之產品型錄及引證四之照片，僅有外觀圖式、功能規格說明或單純之照片，並未揭露本案電路構造之技術特徵；引證二之電路圖或引證三之電路參考圖，純為一種私文書，非屬公開之刊物，認引證資料不足以證明本案申請前已見於刊物或已公開使用，亦不足以證明本案不具進步性，而為本案舉發不成立之審定，自嫌速斷，一再訴願決定遞予維持，亦有疏略，應將原處分及一再訴願決定均予撤銷，由被告查明後，另為適法之處分，以昭折服。」

10. 「一體射出成型」是否符合新型專利或發明專利，須個案審查而加以論斷

經濟部智慧財產局90年8月14日智專字第0901208849號：「按物品之形狀、構造或裝置之改良或創作依專利法第九十七條之規定得申請新型專利，另有關某物品製造方法或其改良之方法，則應申請發明專利。簡言之，倘若於申請專利範圍中具有『方法』之請求標的時，均應申請發明專利。至於專利申請人所稱之改良或創新是否符合可核准專利之實質要件即產業利用性、新穎性及進步性，則需個案審查之。當物品特徵部分在於『一體射出成型』製造方法且具有功效增進時，其是否符合可核准專利之實質要件，應考量該製法是否屬熟悉該業人士所能輕易完成，或其功效之增進是否屬熟悉該業人士所易於思及，如經審查認定該製法係可輕易完成且其達成功效係可當然預期者，則該專利申請自不應被核准，反之，則可在符合其他形式及實質要件下，取得應有之專利。」

三、設計專利之標的與要件

(一) 設計專利之意義及法定標的

第121條第1項規定積極界定設計之立法意義，亦揭示其保護標的。設計，指對物品之全部或部分之形狀、花紋、色彩或其結合，透過視覺訴求之創作。

從修法理由觀之，其認為申請專利之設計尚必須具備物品

性及視覺性。此處所稱之物品性，指申請專利之設計，具有於物品外觀之具體設計之應用可能性，亦即設計所施予之物品應具有三度空間實體形狀之有體物。此外，應用於物品之電腦圖像（Computer-Generated Icons, Icons）及圖形化使用者介面（Graphical User Interface, GUI），亦得依本法申請設計專利。2011年修法時，其立法理由特別指出，因為電腦圖像與圖形化使用者介面，係屬暫時顯現於電腦螢幕且具有視覺效果之二度空間圖像（two-dimensional image），囿於無法如包裝紙與布匹上之圖像及花紋能恆常顯現於所實施之物品上，且不具備三度空間特定形態，依舊法規定，並非新式樣專利保護之標的。有鑑於我國相關產業開發利用電子顯示之消費性電子產品、電腦與資訊、通訊產品之能力已趨成熟，又電腦圖像或圖形化使用者介面與前述產品之使用與操作有密不可分之關係，而諸如美國、日本、韓國、歐盟等為強化其產業競爭力，多已開放電腦圖像或圖形化使用者介面之設計保護，為配合國內產業政策及國際設計保護趨勢之需求，導入電腦圖像及圖形化使用者介面為設計專利保護之標的，自有其必要性。

(二) 設計專利之保護要件

設計專利之保護要件，包括新穎性、產業利用性及創作性。設計係將物品之形狀、花紋、色彩或其結合予以表現即可使用，非如發明或新型之本身具有技術性，須多次之實驗始能公開使用。故設計於產製後即可公開使用，因而喪失新穎性。例如某設計係結合「夾子」與「數字鐘」而成為附有計時器之夾子，所組合成之整體造形，具有統調之美感，尤以「圓形時鐘」與「半圓形前端之夾子」之新穎構成而爲完整之式樣，雖非單純物品之簡易結合，惟其係於4年前即已產製，並爲專利權人所自承時，實務上認爲其已構成公開實施[73]，故不具新式專利要件。

至於著作權所稱之原創性係指著作權人獨立創作，非抄襲他人之著作時，即具原創性，此與設計專利有關之創作性尚屬有別[74]。因爲設計所要求之創作性要件，如前所述，乃指非所屬技藝領域中具有通常知識者易於思及，故其非如著作人本人主觀判斷，且著作不排除在未接觸他人之著作，而獨立完成之創作，兩者可以併存，反之，設計僅能存在其一。因此，專利法第128條規定，相同或近似之設計有二以上之專利申請案時，僅得就其最先申請者，准予設計專利。如申請日、優先權日爲同日者，應通知申請人協議定之，協議不成時，均不予設計專利。此時對於雙重偶然創作僅能存在其一或均不予保護，

[73] 設計與發明、新型一樣，規定無害公開有一定之申請專利優惠期間。於105年12月30日修正（106年5月1日施行）專利法第122條規定時，雖未修正此優惠期間，但爲鬆綁公開事由，並爲保障申請人權益，該條規定：「可供產業上利用之設計，無下列情事之一，得依本法申請取得設計專利：一、申請前有相同或近似之設計，已見於刊物者。二、申請前有相同或近似之設計，已公開實施者。三、申請前已爲公眾所知悉者。設計雖無前項各款所列情事，但爲其所屬技藝領域中具有通常知識者依申請前之先前技藝易於思及時，仍不得取得設計專利。申請人出於本意或非出於本意所致公開之事實發生後六個月內申請者，該事實非屬第一項各款或前項不得取得設計專利之情事。因申請專利而在我國或外國依法於公報上所爲之公開係出於申請人本意者，不適用前項規定。」該條包含前述設計專利要件，其中所謂創作性要件，不能爲通常知識者「易於思及」。凡對物品之形狀、花紋、色彩或其結合之創作，無違新穎性要件，且非所屬技藝領域中具有通常知識者易於思及之創作，得依法申請設計專利。

[74] 參照最高行政法院90年度判字第2507號判決。

在著作權法上不會發生類似這樣的問題。

實務上，審究設計之新穎性及創作性時，係以物品作通體觀察，特徵部分比對，以判定造形上之特異性，作爲判定之基本原則[75]。最高行政法院亦採取類似見解，即設計專利既屬對物品之形狀、花紋、色彩或其結合之創作，故審究物品是否符合設計之類型，當然得斟酌其形狀及花紋結合後之整體特徵是否具有創作性[76]。

再者，設計之保護標的，專利法特設例外規定於第124條：「下列各款，不予設計專利：一、純功能性之物品造形。二、純藝術創作。三、積體電路電路布局及電子電路布局。四、物品妨害公共秩序或善良風俗者。」

由上可知，功能性物品，非設計保護標的。又純美術（fineart）創作，有屬於著作權領域，不是設計保護標的。有關電路布局、妨害公序良俗等均不予以設計專利。至於舊法將「物品相同或近似於黨旗、國旗、國父遺像、國徽、軍旗、印信、勳章者」，也予以排除，係有專利法以來均存在之規定。惟2011年修法時，申請設計專利如相同或近似於黨旗、國旗、國父遺像、國徽、軍旗、印信、勳章者，實質上已不具新穎性，故予以刪除。

在視覺訴求與美感之關係方面，2001年10月修正專利法增列，需要透過視覺訴求，始受設計專利保護，不包括視覺以

---

[75] 參考最高行政法院75年判字第1348號判決（該判決就刊物之定義，被選爲判例）之被告機關（當時爲經濟部中央標準局）答辯意旨。

[76] 參照最高行政法院94年判字第1724號判決。

外之聽覺、嗅覺、味覺或觸覺為對象之物。其理由謂參照日本規定，似有商榷之餘地，因為日本意匠法第2條第1項規定，需要透過視覺而產生美感，此所謂美感，解釋上非要求需要達到美學之境界，其概念有如我國舊專利法所規定之「適於美感」之要件，因此，有關美感性（aesthetic nature），是否應回復為我國判斷設計概念之要件，或是可由「視覺訴求」推論而得，頗值得探究。

▲實例問題

1. 公開實施與新穎性要件

最高行政法院73年判字第1642號判例：「新式樣係將物品之形狀、花紋或色彩予以表現即可使用，非如發明或新型之本身具有技術性，須多次之實驗始能公開使用。故新式樣於產製後即可公開使用，因而喪失新穎性，系爭新式樣係於四年前即已產製，為專利權人所自承，難謂未公開使用。」

2. 刊物之意義

最高行政法院75年判字第1348號判例：「專利法第一百十二條所稱之刊物，係指國內、國外之雜誌、新聞紙、書籍、商品說明書（型錄）、傳單、海報等印刷品，具有公開性之文書或圖畫，可供不特定之多衆閱覽之謂。」

3. 美感要件與產業利用性要件之問題

最高行政法院52年判字第2號判例：「原告係依專利法第一百十一條規定申請新式樣專利，並非依同法第九十五條申請新型專利，自應審查其申請專利之新式樣，是否係對於物品之形狀、花紋或色彩首先創作，而適於美感，以及有無專利法第一百十二條及第一百十三條各款所列之消極條件，以定是否准許其專利，初與是否合於實用無關。」（此所謂合於實用，是否等同於現行法所稱產業利用性，值得探討）。

4. 新穎性、創作性與視覺訴求等要件

最高行政法院91年度判字第268號判決：「查本案『折疊床』新式樣專利申請案係由兩床墊，前後端各設有ㄇ字形護欄之床支架及提握柄所組構而成。本件被告以本案之形狀係兩床墊前後端各設有ㄇ字形護欄之床支架及提握柄所組構而成，其造形僅屬習知形狀稍作簡易修飾所成，未見明顯創新變化特徵，亦未能呈現出穎異之視覺效果，難稱具創作性。所稱本案之設計具倒V字形之折收形狀及兩側提拿柄部之差異性云云，係屬細部、習知功能之修飾，整體形狀未顯現與習知物品明顯之區隔性。本案爲熟習該項技術者所易於思及，依專利法第一百零七條第二項規定，應不予專利。經核尚無不合。」

「經查：本案申請新式樣專利範圍係在於其形狀，並非其功能，故本案因應功能需求，所爲倒V字形之折收與頭、尾端設護欄之簡易修飾變化，爲熟習該項技術者所易於思及，於整體形狀並未見明顯創新變化特徵，亦未能呈現特異之視覺效果，自不合新式樣專利之要件。次查關於新式樣物品是否具創作性，以申請前之已公開或已見於刊物之習知或公知之形狀作爲判斷之依據，原告乃日本家具業者，理應知曉既有之折疊床之產品形狀，被告於訴願階段所補提之八十一年七月號台灣家具雜誌第一三三頁產品，係公開多年之折疊床產品，被告僅

舉例說明習知形狀而已，並無違反審查程序之正當性，自無不合。

參酌八十一年七月號台灣家具雜誌第一三三頁揭示型號TC-1761、TC-1045之床具形狀，與本案申請新式樣專利之形狀均雷同，有該雜誌影本附卷可稽。

又據被告八十三年十月公告之審查基準，創作性之易於思及一事，應考慮三要素，即單元、單元構成及視覺效果，上述三要素若皆爲易於思及者，即不具創作性；又若物品所展現出之形態爲熟習該項技術者易於思及之基本造形單元，自無所謂創意可言，此爲新式樣物品創作性判斷之基本原則。本案之形狀係由兩床墊，前後端各設有一ㄇ字形護欄之床支架，及兩提握柄所組構而成，本案之單元、單元構成均爲習知基本形體之簡易應用與簡易修飾所成，以新式樣整體造形之視覺效果上觀之，本案並未顯現出新穎、特異而異於習知之同類物品之視覺效果，參諸上述審查基準，本案不具創作性，堪以認定，原告所訴核無可採。從而被告不予專利審定，暨一再訴願決定遞予維持，俱無不合，原告起訴意旨聲明撤銷，非有理由，應予駁回。」（按：舊法時期視覺效果包含在創作性，新修正法宜加以區分）。

5. 設計之物品分類採行「國際工業設計分類」

經濟部智慧財產局（90）智法字第0908600131-0號公告：「經濟部五十七年三月二十二日命令發布之『新式樣之物品及類別』，業經本部於九十年十二月十七日經（九〇）智法字第〇九〇八六〇〇一三一－〇號令發布自九十一年一月一日廢止在案。」自2001年導入第7版羅卡諾協定之國際工業設計分類（Locarno Agreement Establishing an International Classfication for Industrial Designs），迄今多次改版（其中包含2005年第8版、2010年第9版及2018年第11版等，並配合世界智慧財產組織（World Intellectual Property Organization, WIPO）於2021年開始施行新版國際工業設計分類（第13版），我國亦於同年開始改版施行[77]。

(三) 原設計與衍生設計及廢止聯合新式樣

2011年修正專利法，在設計專利方面修正幅度相當大，除將新式樣更名爲設計以外，其保護標的及於不以全部爲限，包含部分設計。

依舊法規定，設計（昔稱新式樣）專利保護之創作，限於完整之物品（包含配件及零、組件）外觀之形狀、花紋、色彩或其結合之設計，始受到保護。倘若設計包含多數新穎特徵，僅模仿其中部分特徵時，不屬於新式樣專利所保護之權利範圍。爲周延保護設計權益，參酌日本意匠法第2條、韓國設計法第2條、歐盟設計法第3條等之部分設計（partial design）之立法例，將部分設計納入設計專利保護之範圍。又聯合新式樣專利制度雖已行之有年，惟原有聯合新式樣專利制度，僅具有確認原新式樣專利權利範圍之作用，並未予以實質法律保護，因此2011年修正，參酌日本於1999年廢除類似意匠專利之修

[77] 有關國際工業設計分類表（International Classification for Industrial Designs）（第十三版），https://topic.tipo.gov.tw/patents-tw/lp-719-101.html（最後瀏覽日期：2022年4月13日）。

法模式，因而廢除聯合新式樣專利制度，另明定同一人近似設計之申請及保護，創設衍生設計專利制度。

產業界通常在同一設計概念發展出多個近似之產品設計，或是產品上市後由於市場反應而爲改良近似之設計，爲考量這些同一設計概念下近似之設計，或是日後改良近似之設計具有與原設計同等之保護價值，應給予同等之保護效果，2011年修正，參考美國設計專利之同一設計概念與日本意匠法中關聯意匠之法律規定，明定同一人以近似之設計申請專利時，應擇一申請爲原設計專利，其餘申請爲衍生設計專利。由於每一個衍生設計都可單獨主張權利，都具有同等之保護效果，且都有近似範圍，故衍生設計專利與舊法之聯合新式樣專利，在保護範圍、權利主張及申請期限有顯著之差異。因此，增訂「衍生設計專利」制度。明文規定於專利法第127條：「同一人有二個以上近似之設計，得申請設計專利及其衍生設計專利。衍生設計之申請日，不得早於原設計之申請日。申請衍生設計專利，於原設計專利公告後，不得爲之。同一人不得就與原設計不近似，僅與衍生設計近似之設計申請爲衍生設計專利。」

(四) 一設計一申請原則及成組設計

我國設計專利，舊法規定係採取一設計一申請原則，2011年修正時，爲因應舊法實務中亦不乏申請之案例，及呼應開放成組物品設計專利之國際趨勢，參照日本意匠法第8條規定，明定屬於同一類別之二個以上之物品，若習慣上是以成組物品販賣，或成組使用者，得以一設計提出申請。二個以上之物品，屬於同一類別，且習慣上以成組物品販賣或使用者，得以一設計提出申請。申請設計專利，應指定所施予之物品。此所稱「同一類別」，指國際工業設計分類表之同一類別而言。此以成組物品設計提出申請獲准專利者，在權利行使上，僅得將成組設計視爲一個整體行使權利，不得就其中單個或多個物品單獨行使權利，亦不得將成組物品設計分割行使權利。

第三章 專利保護之權利人及其專利權之取得方式

一、發明人與專利申請權人

第5條規定，專利申請權，指得依本法申請專利之權利。專利申請權人，除本法另有規定或契約另有約定外，指發明人、新型創作人、設計人或其受讓人或繼承人。由該規定可知，專利申請權人與發明人不必同一人。又發明人係指實際進行研究發明之人，發明人須係對申請專利範圍所記載之技術特徵具有實質貢獻之人。如數人爲共同發明時，各該發明人就申請專利範圍中之數個請求項，並不以對各該請求項均有貢獻爲必要，倘僅對一項或數項請求項有貢獻，即可表示爲共同發明人或創作人（參照智慧財產法院100年度民專訴字第52號民事判決）。惟主張爲共同發明人，應就其對系爭發明一項或數項請求項有實質貢獻，負舉證責任（參照民事訴訟法第277條前段規定）。再者，解釋上發明人具有發明人格權，如專利申請權及專利權歸屬於雇用人或出資人者，發明人、新型創作人或設計人享有姓名表示權（參照專利法第7條第4項規定）。前述發明人之姓名表示權，係智慧人格權（或稱專利人格權）之一種。且採創作原則，應爲自然人才能擔任發明人，但專利申請權人則可以自然人或法人。

實務上對於專利法第5條與第7條之關係，曾著有判決，其稱專利申請權，係指得依本法申請專利之權利。

稱專利申請權人，除本法另有規定或契約另有訂定外，係指發明人、新型創作人、設計人或其受讓人或繼承人，爲專利法第5條所規定。又依同法第7條第2項規定，同法條第1項規定所稱職務上之新型，係指受雇人於僱傭關係中之工作所完成之新型，始得認定其專利申請權及專利權屬於雇用人。換言之，此所稱職務上所完成之發明、新型或設計，必與其受雇之工作有關聯，即依受雇人與雇用人間契約之約定，從事參與或執行與雇用人之產品開發、生產研發等有關之工作，受雇人使用雇用人之設備、費用、資源環境等，因而完成之發明、新型或設計專利，其與雇用人付出之薪資及其設施之利用，或團聚之協力，有對價之關係，其立法意旨在於平衡雇用人與受雇人間之權利義務關係。至於受雇人所研發之專利，與其受雇之工作是否有所關聯，應就個案而爲客觀公平之利益衡量，亦即就其實際於公司所參與之工作，及其所研發之專利是否係使用雇用人所提供之設備、費用或資源環境爲判斷依據（參照智慧財產法院100年度民專上字第51號民事判決）。

因此，本於僱傭契約關係取得專利申請權者，應優先適用專利法第7條之規定，不適用同法第5條「契約另有訂定」之規定。從而，僱傭關係終止後，因契約之約定，於專利申請權之歸屬有所爭執，由於專利法無明文規定，係屬私權爭執，非職掌專利審核機構所得管轄。例如甲於2005年6月25日入乙之工廠任職，工作至2007年2月28日止。其本案申請日爲2007年12月16日，已無僱傭關係，自不宜逕以認定系爭案係甲於與乙僱傭關係存續中工作所完成之新型，故無法據以推定系爭案之專利申請權人及專利權人應爲乙[1]。

綜上，因受雇人於僱傭關係中之工作所完成之發明或創作，或因出資聘請從事研究開發之發明或創作，因專利申請權及專利權之歸屬雇用人或出資人，發明人或創作人就該發明或創作享有姓名表示權，可見前述姓名表示權與專利申請權、專利權，係屬二事（參照智慧財產法院97年度民專上字第17號民事判決）。

二、專利權取得之原則

(一) 先申請原則與先發明原則

取得專利權之立法原則，有採「先發明（first to invent）原則」，例如美國專利法原來採行此原則，經2011年9月16日美國總統（President）Barack Obama簽署通過專利法改革法（美國發明法）（Leahy-Smith America Invents Act, AIA），改變自1952年來之重要發明專利制度，將先發明原則[2]轉變爲先發明人申請原則（a "first inventor to file" system），廢除衝突程序（interference proceedings），並發展授證後異議（post-grant opposition）制度[3]。

---

1 參照最高行政法院91年度判字第25號判決。

2 美國舊法實務上判斷誰先提出構想（conception），之後是否相當勤勉（reasonable diligence）付諸實施（reduction to practice）。至於如有申請專利之行爲，解釋爲推定的（constructive）實施。

3 該法係以美國參議員帕特里克·萊希與眾議員拉馬爾·史密斯（Sen. Patrick Leahy (D-VT) and Rep. Lamar Smith (R-TX)）命名。參照http://en.wikipedia.org/wiki/Leahy-Smith_America_Invents_Act（最後瀏覽日期：2022年4月11日）。

有採「先申請（first to file）原則」（或稱「先申請制」），如我國專利法第31條：「相同發明有二以上之專利申請案時，僅得就其最先申請者准予發明專利。但後申請者所主張之優先權日早於先申請者之申請日者，不在此限。前項申請日、優先權日為同日者，應通知申請人協議定之；協議不成時，均不予發明專利；其申請人為同一人時，應通知申請人限期擇一申請；屆期未擇一申請者，均不予發明專利。各申請人為協議時，專利專責機關應指定相當期間通知申請人申報協議結果；屆期未申報者，視為協議不成。相同創作分別申請發明專利及新型專利者，除有第三十二條規定之情事外，準用前三項規定。」

由上可知，同時申請專利，應先協議，如協議不成，兩者均不能取得專利。又因採「國際優先權制度」，主管機關於審查該申請案之專利要件時，應以優先權日為基準，故後申請者所主張之優先權日如早於先申請者之申請日時，則以首次申請之日為優先權日；如後申請者所主張之優先權日與先申請者之申請日為同日時，產生如上述同時申請專利問題。

專利法第31條第1項規定：「相同發明有二以上之專利申請案時，僅得就其最先申請者准予發明專利。但後申請者所主張之優先權日早於先申請者之申請日者，不在此限。」旨在避免專利之重複核准，以符合先申請之原則，對於申請在後而無主張優先權之相同發明或創作內容者，不應給予保護。新型專利與設計專利依專利法第120條準用第31條及第128條[4]規定，

[4] 舊法專利法第118條規定，新式樣之先申請原則適用於「相同或近似」之新式

則對於相同創作內容，不論專利申請案

之種類，當皆一體適用，始符專利法之意旨及精神；否則任何人若將他人某種專利之相同發明、新型或設計之創作內容（在設計尚包括近似之設計），改以不同專利種類提出申請，即可規避專利法第31條或第128條之規範，顯非立法之本意[5]。

(二) 審查原則、發明早期公開、請求（延後）審查原則

在審查專利之原則方面，有無審查原則、審查原則與早期公開、延後審查原則。有關專利權申請案，無須經形式及實質審查情形，即所謂無審查原則，我國並不採取此種制度。我國專利制度過去係採審查原則，凡申請案應進行形式審查（即如文件是否齊備）及實質審查（即如是否符合專利實質保護要件）。

至於國外專利法有採「早期公開（early publication）、延後審查（deferre dexamination system）原則」，即專利局收到發明專利申請後，經初步審查認爲符合專利法要求者，自申請日起滿18個月，即行公布。專利局可以根據申請人的請求早日公布其申請，發明專利申請日起一定期間（有採7年或3年等）內，專利局可以根據申請人隨時提出的請求，對其申請進行實質審查；申請人無正當理由逾期不請求實質審查者，該申請即被視爲撤回。專利局認爲必要時，得自行對發明專利

樣，因此，於2003年修正專利法獨立規定不再如新型專利準用於發明專利規定。2011年修正專利法改規定於第128條。

5 參照最高行政法院91年判字第1949號判決。

申請進行實質審查。此在必要時所爲自行審查，係給予專利局主動考慮某些可能占有世界市場、提高經濟效益有重要作用之發明早予公開、審查或授予，實爲維護本國經濟利益的手段之一。目前採前述制度的專利法，例如荷蘭、德國、日本、巴西、澳洲、中國大陸或歐洲發明專利授予公約等，惟前述國家或地區所採延後請求審查的期限，則尚有歧異。即是否採延後審查？有期限爲2年（如歐洲發明專利公約、巴西專利法）、3年（如中國大陸）、5年（如澳洲、韓國、加拿大等）或7年（如荷、德）？因爲延後請求審查時間過長，則有使權利長期陷不安之虞，但如時間過短，又無法實現此制度爲減緩案件的積壓，以及使申請人有更充裕思考是否提出請求之時間。有關平成11年修正日本特許法第48條之3將審查請求從原來7年改爲3年[6]，可資比較參考。

我國自2002年10月26日起改採「發明專利早期公開」制度。經濟部智慧財產局公告採取此制度之理由：「發明專利早期公開」制度的設計，係在發明專利申請後經過一定期間（18個月），不論該申請案是否已准予專利，即予以公開，以避免企業活動不安定及重複研究、重複投資的浪費，並使產業界得以儘早知悉已申請專利之技術資訊，進一步從事開發研究，以達到促進產業科技提升之目的。詳言之，原發明專利須於審查核准後才予公開，許多優良重大之發明，往往須歷時甚久，始得以公諸於世，是本新制乃規範除有不合規定程序且無不予公開之情事，即申請案自申請之次日起15個月內撤回、

6　參照中山信弘，「特許法」，東京：弘文堂，2019年4版1刷，頁250。

涉及國防機密、國家安全或妨害公共秩序及善良風俗外，所有發明專利申請案均於申請滿18個月後，予以公開。我國發明專利採取早期公開制及請求審查期間，依專利法第37條第1項及第2項規定，專利專責機關接到發明專利申請文件後，經審查認爲無不合規定程式，且無應不予公開之情事者，自申請日後經過18個月，應將該申請案公開之。專利專責機關得因申請人之申請，提早公開其申請案。又同法第38條第1項規定，發明專利申請日後3年內，任何人均得向專利專責機關申請實體審查。至於新型、設計專利申請案則因創作技術層次較低、產品生命週期較短等因素，此兩種專利適用早期公開制度之實益不大，且前開專利法第37條及第38條有關發明規定，從第120條及第142條規定觀之，並爲準用於新型及設計專利，故我國發明、新型、設計三種專利，僅發明專利適用早期公開及延後請求審查制度。

三、多數發明人與專利權之共有

發明之專利權可能歸屬於同一人，也可能是數人創作之技術或美感成果，而歸屬於多數人享有。此則可構成準共有（民法第831條）。但2011年修正理由特別指出，舊法僅規定專利權爲共有時，其讓與應得共有人全體之同意，惟依民法第831條準用同法第819條第2項規定，其信託、設定質權或拋棄，亦應得全體共有人之同意，爰予明定，以求明確。因此，發明專利權性質上屬於準占有，性質上許可適用之情形下，則得準用民法有關共有規定，宜留意之。

專利法第64條規定：「發明專利權為共有時，除共有人自己實施外，非經共有人全體之同意，不得讓與、信託、授權他人實施、設定質權或拋棄。」第65條規定：「發明專利權共有人非經其他共有人之同意，不得以其應有部分讓與、信託他人或設定質權。發明專利權共有人拋棄其應有部分時，該部分歸屬其他共有人。」由以上規定，可見專利法承認發明專利權之共有。惟未稱其是為公同共有，或是分別共有。如從民法之法律用語觀之，使用「共有」，係指分別共有。至於公同共有，通常會特別直接稱呼其為公同共有。又分別共有才有應有部分，以前開專利法第65條之用語，除因約定或法定之特殊情形（例如公同共有之繼承、民法上合夥及夫妻共同財產制等）以外，解釋上宜認為其係分別共有，只是因使用目的或性質，不能隨意分割或處分等行為。此外，有關共有人之一人拋棄其應有部分時，其所屬應有部分，究竟歸屬於其他未拋棄之共有人或需要另有其要件可能歸屬其他人（民法通說上認為不當然歸屬其他共有人）？就專利法未明文規定，在我國著作權法第40條則逕歸其他共有人。2011年修法時，則於前述第65條第2項規定發明專利權共有人拋棄其應有部分時，該部分歸屬其他共有人。如此修正，得以前述著作權法第40條規定相呼應，如此將可解決專利權共有拋棄之權益歸屬爭議。

為保障專利申請權人之權益，專利申請權為共有，而專利之申請，非由全體共有人提出者，於核准專利權後，其他共有人以該專利之申請違反第12條第1項「專利申請權為共有者，應由全體共有人提出申請」規定，於公告之日起2年內提起舉發，如經審定舉發成立撤銷專利權確定，依專利法第35條：

「發明專利權經專利申請權人或專利申請權共有人，於該專利案公告後二年內，依第七十一條第一項第三款規定提起舉發，並於舉發撤銷確定後二個月內就相同發明申請專利者，以該經撤銷確定之發明專利權之申請日為其申請日。依前項規定申請之案件，不再公告。」規定，是以全體共有人得申請專利[7]。

四、聘僱發明

舊專利法將職務發明分成三類型，即職務發明、與職務有關之發明及非職務上發明三分法[8]。但於1994年修正為二分法，參照德國受雇人發明法、法國專利法第1條之3，明定凡於非職務上所完成之發明、新型或設計，其專利申請權或專利

[7] 參照經濟部智慧財產局93年5月10日智法字第0931860017-0號函說明二。

[8] 就舊專利法，最高行政法院曾著有45年判字第56號及46年判字第6號二則有關職務發明之判例，即最高行政法院45年判字第56號判例：「依專利法第五十二條之規定，受僱人與職務有關之發明，其專利權為雙方所共有。又二人以上共同呈請專利，或為專利權之共有者，辦理一切程序，依同法第十七條之規定，應共同連署。」最高行政法院46年判字第6號判例：「專利權之取得，以新發明具有工業上之價值為要件。所謂新發明，其發明之事項，應在否請前尚未見於刊物，亦未公開使用。否則即不能呈准取得專有製造或使用其發明之權。專利法第五十二條規定，受僱人與職務有關之發明，其專利權為雙方所共有。又二人以上共同呈請專利或為專利權之共有者，辦理一切程序時，依同法第十七條應共同連署。本件臺灣工礦股份有限公司與原告共同聲請專利，其後辦理一切程序及有所不服時，該公司均未共同連署，由原告一人具名為之。雖受理本案各官署於審定及答辯時，均未有所置議，然原告所為之請求及聲明不服，要不能謂無瑕疵。」以上二則判決係針對舊法三分法而選為判例，因為與現行法規定不符，該等判例經最高行政法院97年7月份第一次庭長法官聯席會議決議不再援用，並於97年8月5日由司法院以秘台廳行一字第0970015786號函准予備查，不再援用。

權歸屬於受雇人所有。

於職務上所完成之發明、新型或設計，其專利申請權及專利權屬於雇用人，雇用人應支付受雇人適當報酬，但是契約若有另外的規定，則依照雙方之約定，一方出資聘請他人從事研究開發者，其專利申請權及專利權之歸屬依雙方契約約定，如果沒有約定，則屬於發明人、新型創作人或設計人，但出資人仍得實施其發明、新型或設計，另外，專利申請權及專利權歸屬於雇用人或出資人者，發明人、新型創作人或設計人則享有姓名表示權[9]。

如非屬職務上所完成之發明、新型或設計，則其專利申請權及專利權歸屬於受雇人，但是其發明、新型或設計係利用雇用人資源或經驗者，雇用人得於支付合理報酬後，於該事業實施其發明。受雇人完成非職務上之發明，應即以書面通知雇用人，如有必要並應告知創作之過程。雇用人在書面通知到達後6個月內，未向受雇人為反對之表示者，就不得再主張，對第1項之報酬有爭議時，舊法規定由專利專責機關協調之[10]，新法則刪除此規定，認為此種報酬之爭議屬私權事由，可由民事救濟途徑獲仲裁制度解決之。

專利法第9條規定，雇用人與受雇人間所定契約，使受雇人不得享受其發明、新型或設計之權益者無效，第10條規定，雇用人或受雇人對第7條及第8條權利之歸屬有爭執而達成協議者，得附有證明文件，向專利專責機關申請變更權利人

[9] 專利法第7條。

[10] 專利法第8條。

名義，專利專責機關認有必要時，得通知當事人附具依其他法令取得之調解、仲裁或判決文件。為避免產業之聘僱關係衝突，宜有留意聘僱契約之簽約技術與公平性，及建立良善的獎勵與報酬請求權之機制、暢通與公平之人事升遷與待遇之管道。

專利法第7條第2項所稱職務上之發明、新型或設計，指受雇人於僱傭關係中之工作所完成之發明、新型或設計。最高行政法院曾有判決，依專利法第7條規定重申此義，惟惜未進一步深論其適用範圍。即謂：「依同法第七條第二項之規定，同法條第一項規定所稱職務上之新型，係指受僱人於僱傭關係中之工作所完成之新型，始得認定其專利申請權及專利權屬於僱用人。因此，本於僱傭契約關係取得專利申請權者，應優先適用專利法第七條之規定，不適用同法第五條『契約另有訂定』之規定。從而，僱傭關係終止後，因契約之約定，於專利申請權之歸屬有所爭執，由於專利法無明文規定，係屬私權爭執，非職掌專利審核機構所得管轄。」例如甲於1990年6月25日入乙之工廠任職，工作至1993年2月28日止。其本案申請日為1994年12月16日，已無僱傭關係，自不宜逕以認定系爭案係甲於與乙僱傭關係存續中工作所完成之新型，故無法據以推定系爭案之專利申請權人及專利權人應為乙[11]。

前述案例衍生一重要論點，即我國專利法未有明文規範受雇人於離職後一段時間內之研發成果歸屬，兼顧專利法與營業秘密法之規定，研發成果之歸屬自當根據法律意旨以契約訂定

[11] 參照最高行政法院91年度判字第25號判決。

之，乙應依契約書「約定其自離職日起二年內所創作且與其任職職務或營業秘密有關之智慧財產權，應以書面向再審原告完整揭露，且於獲再審原告之同意，始得提出任何專利、商標及著作之申請或註冊」，責由創作人甲舉證之責，證明系爭案係在離職後之創作。換言之，實務上認爲受雇人於離職後一段時間內之研發成果歸屬之舉證責任由甲負擔，係依契約訂定。如無特約，似應按一般舉證責任分配原則處理。

所謂受雇人，是否等同於民法第482條僱傭契約所稱之受雇人[12]，值得深究，以解決實務上不斷衍生之爭議。從民法觀點，僱傭契約係受雇人聽從雇用人之指示而提供勞務，受雇人不自負盈虧，與承攬契約重在一定工作之完成，承攬人完成其工作有其自主性，不受定作人之指揮，並自負盈虧，兩者性質顯不同。故僱傭契約受雇人所受領之報酬，屬於薪資所得[13]。

至於公司之董事長、董事、執行業務股東、監察人、生產部副總經理[14]等，均係股東會依委任關係選任，與公司間並無僱傭關係，尚非公司之職員[15]。

---

[12] 保險法上損失賠償請求權之代位情形，最高法院認爲，所謂受雇人，解釋上與民法受雇人侵權行爲之第188條所稱之受雇人意義相同，不以同法第482條僱傭契約所稱之受雇人爲限，凡客觀上被他人使用爲之服勞務而受其監督者，均係受雇人，至於報酬之有無、勞務之種類、期間之長短、有無參加勞保，均非所問（參照最高法院95年度台上字第708號民事判決）。

[13] 參照最高行政法院97年度判字第521號判決（該判決係針對稅捐稽徵法事件，但因其針對僱傭契約與承攬契約之區分有參考價值，特加以引用）。

[14] 參照最高行政法院88年度判字第215號判決：「董事及生產部副總經理，其與公司間爲委任關係，與該公司其他職員等部門人員係基於僱傭關係爲受僱用之勞工者不同。」

[15] 參照最高行政法院90年度判字第1467號判決。

所謂委任，係指委任人委託受任人處理事務之契約而言。委任之目的，在一定事務之處理。故受任人給付勞務，僅爲其處理事務之手段，除當事人另有約定外，得在委任人所授權限範圍內，自行裁量決定處理一定事務之方法，以完成委任之目的。至於僱傭，則指受雇人爲雇用人服勞務之契約而言。僱傭之目的，即在受雇人單純提供勞務，對於服勞務之方法毫無自由裁量之餘地[16]。

前述專利法第7條第2項所謂僱傭關係，是否等於民法之僱傭契約，如果是，則不包括委任、承攬。承攬部分，比較無爭議，可解釋爲第7條第3項所定之一方出資聘請他人從事研究開發關係。惟委任可能有償，亦可能無償，性質上屬於勞心，且比勞力並受雇主指示監督之僱傭關係更具自主性，故似可將具有職務關係之委任關係，解釋爲職務發明上之職務關係。由此可知，專利法第7條第2項之定義，並不周延。未來宜修法，以補不足。如不能周延立法定義，則可將該項刪除，俟學理或實務發展，而加以界定其概念及適用範圍。

此外，例如最高法院曾著有判決，解釋公務員之關係，即認爲公務員之俸給，並非勞務關係之對價，其因收受金錢而負擔之公法上債務，與私法上僱傭契約不同[17]。由此可見，尚有若干問題有待釐清。另如公勤務人員（如公務員）、武職人員

16 參照最高法院85年度台上字第2727號民事判決。

17 最高法院85年度台上字第1192號民事判決：「公務員之俸給，並非勞務關係之對價，乃國家爲了安養照顧公務員所給予合乎其身分、地位及責任大小之金錢，該金錢爲國家與公務員關係存續中，對於公務員所負擔之公法上債務，其性質與私法上僱傭契約之報酬不同，不得作爲民事訴訟之標的。」

（如軍人）及大學院專校之教職員工及研究助理等衍生之關係，是否宜解釋爲專利法第7條第2項之僱傭關係，亦有商榷餘地。此亦宜一併界定其概念及適用範圍。

茲將聘僱發明之種類、要件與歸屬關係，簡要說明如下，以便理解：

聘僱發明：僱傭關係與出資聘人之關係；僱傭關係可分「職務發明」與「非職務發明」。

1. 職務發明、新型及設計專利權的歸屬

(1) 要件：僱傭關係期間所完成之職務上之創作。

(2) 效果：專利申請權與專利權屬於雇用人，發明人、新型創作人或設計人有報酬請求權。

(3) 例外：契約約定由受雇人取得。

2. 非職務發明、新型及設計專利權之歸屬

(1) 要件：僱傭關係期間所完成之非職務上之創作。

(2) 效果：專利申請權與專利權屬於受雇人爲原則。

(3) 例外：利用雇用人之資源或經驗發明時，雇用人得在支付合理報酬後，於該事業實施其專利。

3. 出資受聘的專利權歸屬

(1) 要件：出資聘請。

(2) 歸屬：依契約約定；契約未約定者，屬於發明人、新型創作人或設計人，出資人具有實施權。

第四章
申請日（filing date）、國際優先權日之主張與國內（內國）優先權原則

一、申請日

專利法第25條第2項至第4項規定，申請發明專利，以申請書、說明書、申請專利範圍及必要之圖式齊備之日爲申請日。說明書、申請專利範圍及必要之圖式未於申請時提出中文本，而以外文本提出，且於專利專責機關指定期間內補正中文本者，以外文本提出之日爲申請日。未於前項指定期間內補正中文本者，其申請案不予受理。但在處分前補正者，以補正之日爲申請日，外文本視爲未提出。至於所謂圖式是否爲必備文件，因爲專利法稱之爲「必要圖式」，解釋上宜認爲對申請案之審查有必要檢附之圖式時，即屬於必要圖式，既稱「必要」，應檢附圖式，程序上方稱「齊備」。

在專利檔案之保存及管理方面，依專利法第143條規定，專利檔案中之申請書件、說明書、申請專利範圍、摘要、圖式及圖說，應由專利專責機關永久保存；其他文件之檔案，最長保存30年。前項專利檔案，得以微縮底片、磁碟、磁帶、光碟等方式儲存；儲存紀錄經專利專責機關確認者，視同原檔案，原紙本專利檔案得予銷毀；儲存紀錄之複製品經專利專責機關確認者，推定其爲眞正。前項儲存替代物之確認、管理及使用規則，由主管機關定之。

二、國際優先權

申請日以外，因我國也採1883年保護工業財產權巴黎公約第4條之「同盟優先權」制度。亦即申請人就相同發明或創作，於提出第一次申請案後，在特定期間內向其他國家提出專利申請案時，得主張以第一次申請案之申請日（優先權日）作爲審查是否符合專利要件之日。所以得以在我國主張國際優先權之發明人或申請權人，有可以主張國際優先權。因此，國內申請日，並非判斷專利要件唯一標準。申請人於一申請案中主張兩項以上優先權時，前項期間之計算以最早之優先權日爲準。主張優先權者，其專利要件之審查，以優先權日爲準（專利法第28條）。

延誤優先權期間，該期間之性質爲何？按法律規定訴訟關係人應爲某種特定行爲之一定時期，不許伸長、縮短或因期間屆滿即生失權效果者，均屬不變期間，法律條文中冠以「不變」字樣者，固爲不變期間，法文中雖未冠以「不變」字樣，然依其規定期間之性質有上述不變期間之特性者，仍不失爲不變期間。主張優先權之申請人應於申請次日起一定期間（舊法規定3個月，2003年2月6日修正爲4個月）內檢送經該國政府證明受理之申請文件之規定，實務上認爲，該條文中雖未冠以「不變」二字，惟既規定，違反此等規定者，喪失優先權，衡其性質，仍不失爲不變期間。本條規定有不變期間之性質，當不得依專利法規定申請延長[1]。

[1] 參照最高行政法院95年判字第680號判決。

關於國際優先權之要件如下：

(一) 申請人須爲中華民國國民。至於外國申請人雖爲非世界貿易組織會員之國民且其所屬國家與中華民國無相互承認優先權者，如於世界貿易組織會員或互惠國領域內，設有住所或營業所，亦得依第1項規定主張優先權。

(二) 先申請案須爲第一次的申請案，且受理國須爲世界貿易組織會員或與我國相互承認優先權之國家。

(三) 申請人須於優先權期間內向我國提出專利申請，優先權期間自第一次申請案申請日之日起算，發明、新型之優先權期間爲12個月（專利法第28條、第120條），設計專利爲6個月（專利法第142條第2項）。

(四) 前後申請案之內容須爲相同。

主張優先權者，效力在於，主管機關於審查該申請案之專利要件時，應以優先權日爲基準，亦即以申請人第一次於外國提出申請案之申請日作爲審查後申請案之基準。

另參照巴黎公約（Paris Convention）第4條規定，除現行條文已規定應聲明在外國之申請日及受理該申請之國家外，也應聲明在外國申請案之案號。又因日本特許法第43條第2項、歐洲專利公約施行細則第52條規定申請人檢送優先權證明文件之期限，於最早之優先權日後16個月內檢送之，爰於2011年修正。再者，舊法對於違反主張優先權之程序規定者，明定其效果爲「喪失優先權」，惟參考專利法條約（PLT）第6條第8項b款、日本特許法第43條第4項及中國大陸地區專利法第30條規定，其對於違反主張優先權之相關程序要件者，則採「優先權主張失其效力」或「視爲未主張優先權」之方式規範。鑑於優先權乃是附屬於專利申請案之一種主張，本身不具獨立之權利性質，且主張優先權與否，申請人得自由選擇，故主張優先權不符法定程序或逾期檢送證明文件者，2011年修正規定為「視為未主張優先權」。由於上述等原因，於專利法第29條規定：「依前條規定主張優先權者，應於申請專利同時聲明下列事項：

一、第一次申請之申請日。

二、受理該申請之國家或世界貿易組織會員。

三、第一次申請之申請案號數。

申請人應於最早之優先權日後十六個月內，檢送經前項國家或世界貿易組織會員證明受理之申請文件。

違反第一項第一款、第二款或前項之規定者，視為未主張優先權。

申請人非因故意，未於申請專利同時主張優先權，或違反第一項第一款、第二款規定視為未主張者，得於最早之優先權日後十六個月內，申請回復優先權主張，並繳納申請費與補行第一項規定之行為。」民國108年4月16日修正（108年11月1日施行）專利法第29條第4項規定，原第4項所定「依前項規定視為未主張者」，係指因「違反第一項第一款及第二款之規定」致視為未主張優先權者，亦即得申請回復優先權主張之情形，僅限於：(一)未於申請專利時主張優先權；(二)申請專利同時雖有主張優先權，但未同時聲明第一次申請之申請日及受理該申請之國家或世界貿易組織會員。至於因違反第2項規定，遲誤檢送優先權證明文件之期間致視為未主張優先權者，因檢送優先權證明文件之期間與申請回復優先權主張之期間同爲最早之優先權日後16個月，故一旦遲誤檢送優先權證明文件之期間者，確實無從以非因故意爲由申請回復優先權主張，故爲明確得申請回復優先權主張之範圍，此項修正，請留意之。

前述第4項規定，係2011年修正，其係參照歐洲專利公約第122條第1項及專利法條約第12條規定，增訂回復優先權主張之機制。此如有因天災或不可歸責當事人之事由延誤補正期間者，諸如前有因美國專利商標局檔案室搬遷，致延誤發給優先權證明文件，得依修正條文第17條第2項規定回復原狀。至於非因故意之事由，包括過失所致者均得主張之，例如實務上常遇申請人生病無法依期爲之，即得作爲主張非因故意之事由。另對於同時補行期間內應爲之行爲，申請人得先主張並聲明在外國之申請日、案號及受理該申請之國家，再補正優先權證明文件，僅於最早之優先權日後16個月內完成即可。

三、國內（內國）優先權

我國也採取「國內優先權原則」（或稱「內國優先權原則」），亦即爲了能夠讓申請人在提出專利申請案後，仍然可以基於該申請案之內容，再提出其他經補充、修正或合併後的新請求標的，故讓國內申請案也能享受跟國際優先權相同之利益（專利法第30條）。

第30條規定：「申請人基於其在中華民國先申請之發明或新型專利案再提出專利之申請者，得就先申請案申請時說明書、申請專利範圍或圖式所載之發明或新型，主張優先權。但有下列情事之一，不得主張之：

一、自先申請案申請日後已逾十二個月者。

二、先申請案中所記載之發明或新型已經依第二十八條或本條規定主張優先權者。

三、先申請案係第三十四條第一項或第一百零七條第一項規定之分割案，或第一百零八條第一項規定之改請案。

四、先申請案爲發明，已經公告或不予專利審定確定者。

五、先申請案爲新型，已經公告或不予專利處分確定者。

六、先申請案已經撤回或不受理者。

前項先申請案自其申請日後滿十五個月，視爲撤回。

先申請案申請日後逾十五個月者，不得撤回優先權主張。

依第一項主張優先權之後申請案，於先申請案申請日後十五個月內撤回者，視爲同時撤回優先權之主張。

申請人於一申請案中主張二項以上優先權時，其優先權期間之計算以最早之優先權日爲準。

主張優先權者，其專利要件之審查，以優先權日爲準。

依第一項主張優先權者，應於申請專利同時聲明先申請案之申請日及申請案號數；未聲明者，視爲未主張優先權。」

關於國內優先權的要件如下：

(一) 申請人須爲得於我國提出專利申請之本國人或外國人，且先申請案之申請人必須與後申請案提出申請時之人爲同一人。

(二) 先申請案必須於我國提出申請，且取得申請日之發明、新型專利申請案。

(三) 先申請案未曾主張過國際優先權或國內優先權。但是若先申請案的技術內容中，只有某依特定技術內容已曾主張過優先權者，則其他未曾被主張過優先權的部分，仍然可以於其後申請案中被主張國內優先權。

(四) 先申請案未經撤回、拋棄、不受理、審定或處分。

(五) 自先申請案申請日起12個月內提出後申請案。

(六) 申請案不是先申請案係第34條第1項或第107條第1項規定之分割案，或第108條第1項規定之改請案。

(七) 應於後申請案提出申請時，同時聲明主張國內優先權。

主張國內優先權之效力如下：

(一) 專利要件之審查以優先權日爲基準。

(二) 先申請案自申請日後滿15個月，視爲撤回。

(三) 優先權之主張自先申請案申請日後逾15個月者，不得撤回。

(四) 後申請案於先申請案申請日後15個月內撤回者，視爲同時撤回優先權之主張。

四、同一人相同創作之一案兩請

同一人就相同創作，於同日分別申請發明專利及新型專利者，應於申請時分別聲明；其發明專利核准審定前，已取得新型專利權，專利專責機關應通知申請人限期擇一；申請人未分別聲明或屆期未擇一者，不予發明專利。申請人依前項規定選擇發明專利者，其新型專利權，自發明專利公告之日消滅。發明專利審定前，新型專利權已當然消滅或撤銷確定者，不予專利（第32條）。

申請人應於申請時分別聲明，其就相同創作，於同日分別申請發明專利及新型專利。此採取容許分別申請發明專利及新型專利原則。因申請人於申請新型專利時聲明就相同創作，於同日另申請發明專利，係爲便於公告新型專利時一併公告其聲明，以資公衆知悉申請人針對該相同創作有兩件專利申請案，即使先准予之新型專利權利消滅，該創作尙有可能接著隨後准予之發明專利申請案予以保護，從而避免產生誤導公衆之後果〔參考102年5月31日修正（102年6月11日公布）專利法第32條理由〕。並參考容許分別申請發明專利及新型專利之外國立法例（例如德國等），對於先前取得之新型專利，均仍予以保護，至少是接續保護，以符權利信賴保護原則。因此，採取「權利接續制」，即相同發明分別申請發明專利及新型專利，而選擇發明專利，舊專利法規定新型專利視爲自始不存在，予以修正，以保障專利申請人之權益。因爲視爲自始不存在之規定，對專利申請人極爲不利，因其若選發明，則新型將被視爲自始不存在，使得原先所受之保護落空；若選新型，則受保護期間縮短10年，如於新型保護期間受侵害，縱使該發明即將獲准專利，申請人只好犧牲發明專利較長之保護期間，此顯然與專利法鼓勵研發之旨相悖——技術程度較高的發明，卻被迫只能享有較短時間之保護（參照前述修正理由）。

五、申請案之分割、改請

專利法第34條規定，發明專利申請日後3年內，任何人均得向專利專責機關申請實體審查。依第34條第1項規定申請分割，或依第108條第1項規定改請爲發明專利，逾前項期間者，得於申請分割或改請後30日內，向專利專責機關申請實體審查。依前二項規定所爲審查之申請，不得撤回。未於第1項或第2項規定之期間內申請實體審查者，該發明專利申請案，視爲撤回。又第108條規定：「申請發明或設計專利後改請新型專利者，或申請新型專利後改請發明專利者，以原申請案之申請日爲改請案之申請日。改請之申請，有下列情事之一者，不得爲之：

一、原申請案准予專利之審定書、處分書送達後。

二、原申請案爲發明或設計，於不予專利之審定書送達後逾二個月。

三、原申請案爲新型，於不予專利之處分書送達後逾三十日。

改請後之申請案，不得超出原申請案申請時說明書、申請專利範圍或圖式所揭露之範圍。」

另於第132條規定：「申請發明或新型專利後改請設計專利者，以原申請案之申請日爲改請案之申請日。改請之申請，有下列情事之一者，不得爲之：

一、原申請案准予專利之審定書、處分書送達後。

二、原申請案爲發明，於不予專利之審定書送達後逾二個月。

三、原申請案爲新型，於不予專利之處分書送達後逾三十日。

改請後之申請案，不得超出原申請案申請時說明書、申請專利範圍或圖式所揭露之範圍。」

發明、新型與設計於申請專利時，在一定要件下，得依前引第108條第1項規定及第134條規定，相互改請爲其他專利，實務上亦可加以運用。

第五章 申請標的及發明之特性

一、申請標的及發明之單一性

在一份申請書中，只准許說明一件發明。對不相關的非單一的發明，必須分開爲數項專利的申請案。

所謂發明的單一性（Einheitlichkeit），尤其是指作爲基本的問題（課題）本質上是單一，而且其所有解決問題的方法特徵係屬必要或適當。

申請發明專利，以一發明一申請爲原則，併案申請則爲例外。而例外之情形，專利法1994年1月21日修正時，雖參酌當時日本特許法第37條及專利合作條約施行細則第13條第2項規定，以分款方式明列於現行條文第1款至第3款，惟其規定並不周延，我國已加入世界貿易組織，專利制度必須與國際趨勢相協調，其中，實質專利法條約（Substantive Patent Law Treaty）草約就發明單一性概念已有初步共識，可爲各國修法之參考[1]。因此，2004年修法時，將舊法之規定配合修正，即參考該條約草約第7條、歐洲發明專利公約第82條、專利合

[1] WIPO standing committee on the law of Patents Eighth Session Geneva, November 25 to 29, 2002, Draft Substantive Patent Law Treaty, Draft Regulations under the Substantive Patent Law Treaty and Practice Guidelines under the Substantive Patent Law Treaty (*available at* http://www.wipo.int/documents/en/document/scp_ce/ index_8.htm) (last visited 2004/11/23).

作條約施行細則第13條第1項及中國大陸地區專利法第31條規定，明定一申請案應僅有一發明，或屬於一個廣義發明概念（a single general inventive concept），而以概括方式定之。爲有利比較法制之變革，宜進一步認識舊法規定。

舊專利法第31條已採單一性原則，規定申請發明專利，應就每一發明個別申請。但二個以上之發明，利用上不能分離，並有下列情事之一者，得併案申請之：

(一) 利用發明主要構成部分者。

(二) 發明爲物之發明時，他發明爲生產該物之方法，使用該物之方法，生產該物之機械、器具、裝置或專爲利用該特性之物。

(三) 發明爲方法之發明時，他發明爲實施該方法所直接使用之機械、器具或裝置。

前述但書規定，係1994年增列，其係參酌日本法特許法第37條及專利合作條約規則第132條規定，明定併案申請之要件。

申請專利之發明，實質上爲二個以上之發明時，經專利專責機關通知，或據申請人申請，得改爲個別申請。前項個別申請應於原申請再審查審定前爲之。如准予個別申請，仍以最初申請之日爲申請日，如有優先權者，仍得主張優先權，並應就原申請案已完成之程序續行審查（舊法第32條）。

前述我國舊專利法第31條主要係針對發明申請單一性原則，在新型專利，依舊法第105條規定，只準用第31條第1款，不及於第2款及第3款，因新型專利只限於物品專利，而不適用於方法專利。至於新式樣專利只準用第31條前段（參照舊專利法第122條），而不准併案申請，其無例外不適用「單一性原則」規定，此與中國大陸外觀設計專利申請得就同一類別並成套出售或使用的產品兩項以上的外觀設計作爲一件申請情形，尙有不同。因此可知，我國在1994年修正專利法，改正往昔實務上新式樣專利案常有數式樣合併申請情形，改採「一式樣一申請原則」[2]。

舊法第119條規定：「申請新式樣專利，應就每一新式樣提出申請。以新式樣申請專利，應指定所施予新式樣之物品。」所謂「每一新式樣」，法律未進一步定義。實務上認爲一新式樣專利申請案僅能申請一物品外觀上所施予的一設計，但物品之構成單元具有設計關聯性（例如錶帶與錶體、筆帽與筆蓋、瓶蓋與瓶子、茶杯與杯蓋等），或設計之形態變化具有設計恆常性（例如折疊椅、剪刀、繩子、衣服等）者，仍視爲符合一式樣一申請[3]。

---

[2] 我國在1994年修正專利法時，修正往昔實務上新式樣專利案常有數式樣合併，改採「一式樣一申請原則」。此次修正在第119條第1項明定「應就每一新式樣提出申請」，如此與外國立法例，有認爲外觀設計專利申請時，得就同一類別並成套出售或使用的產品兩項以上的外觀設計作爲一件申請情形，兩者尚有不同，未來需要思考是否保護成套之新式樣合併申請之可能性，例如日本意匠法（即如我國新式樣專利規定）第8條規定：以習慣上一起販賣或使用之全體組合物申請一個新式樣之所謂「組物之意匠」（例如一組吸菸用具或茶具）。此在國際條約方面，亦非採發明專利之一申請一發明原則，如世界智慧財產權組織（WIPO）掌管之工業設計（或譯新式樣）國際寄存海牙協定（Hague Agreement Concerning the International Deposit of Industrial Designs）得採多項申請。又前述修正理由，因性質上發明爲技術之創新，新式樣爲美學外觀之造形，固非無見，但其中所謂美學外觀之造形，恐被認爲其要求需要達到美學標準，且保護對象只包括三度空間之造形，宜注意將之解釋爲「美感外觀之平面圖案或立體造形」。

[3] 參照經濟部智慧財產局，「專利法逐條釋義」，2005年3月，頁257-258。

2011年修正，將舊法前述一式樣一申請原則放寬，於專利法第129條規定，申請設計專利，應就每一設計提出申請。二個以上之物品，屬於同一類別，且習慣上以成組物品販賣或使用者，得以一設計提出申請。因此，每一設計依申請為原則，但亦可提出成組設計專利申請（例如一組座椅、一組茶几、一組餐具等）。成組設計須符合之要件為「同一類別」及「成組販賣」，或「同一類別」及「成組使用」。如此修法，將使設計專利保護標的更有彈性，有利於實務上運用[4]。

二、逾越期間之補救措施

(一) 逾越指定期間之法律效果

第17條第1項規定：「申請人為有關專利之申請及其他程序，遲誤法定或指定之期間者，除本法另有規定外，應不受理。但遲誤指定期間在處分前補正者，仍應受理。」

由上可知，遲誤法定期間之法律效果，如係屬法定不變期間，除非有天災或不可歸責於己之事由延誤法定期間以外，將產生失權之不利法律效果。所謂天災或不可歸責於己之事由，例如921地震、美國911恐怖攻擊紐約雙子星大樓事件、納莉風災、因美國專利商標局於1998年檔案室搬遷致延誤發給優先權證明文件等[5]。因此，遲誤法定或指定之期間者，除本法另有規定外，應不受理。但遲誤指定期間在處分前補正者，仍應受理。

[4] 參照經濟部智慧財產局，「專利法逐條釋義」，2014年6月13日，頁386-388。

[5] 參照經濟部智慧財產局，「專利法逐條釋義」，2014年6月13日，頁45。

▲實例問題

1. 權利與時間：專利權當然消滅與可恢復之利益

最高行政法院92年判字第1648號判決：「按新型專利權因審查申請專利之新型而核准之行政處分確定始自申請時發生，於專利權期滿之次日當然消滅。新型專利權消滅後，利害關係人對之舉發請求撤銷新型專利權，自無必要；惟雖如此，新型專利權當然消滅前所形成之法律效果，如非隨新型專利權之消滅而一同消滅，利害關係人又因新型專利權之撤銷而有可回復之法律上利益時，因專利法對於舉發期間別無限制之規定，除因基於誠信原則不許再事舉發而生失權效果外，仍應許利害關係人提起舉發，進而爭訟。」

2. 最高行政法院89年度判字第1358號判決（德商・綠點－再生系統德國股份有限公司案）

「原告於八十六年十月二十四日以『含至少一部分可再利用成分之廢棄物的分解方法』，向被告申請第八六一一五七七四號發明專利案，同時主張優先權，並於申請書中載明其所主張之優先權在外國之申請日期爲一九九六年十月二十五日，申請案號數：一九四四四三七三，及受理該申請之國家爲德國。惟原告未依專利法第二十五條規定，自本案申請之日起三個月內即八十七年一月二十三日前，檢送經該國政府證明受理之申請文件，遲至同年一月二十六日始補正，經被告以八十七年二月二十日（八七）標專（甲）一五〇七一字第五九二三號函處分本案優先權主張應不予受理，原告不服，提起訴願及再訴願，迭經駁回，遂提起行政訴訟。」

「查所謂法定期間，依其性質可分爲通常期間與不變期間。訴訟法上，有法文明示其爲『不變期間』者，亦有未明示而其性質上屬不變期間者。而法定期間不屬於不變期間者，爲通常期間，非謂法定期間概屬不變期間。專利法上之法定期間，是否屬不變期間，亦應視其性質而定（如第四十六條提起行政救濟之期間）。關於專利申請及進行其他程序所定之期間，本院一向見解認專利法第四十二條所定異議答辯之『一個月內』、第七十二條第四項所定舉發人補提理由及證據之『一個月內』，皆認非法定不變期間（參見行政法院八十二年十一月及八十六年五月份庭長評事聯席會議決議）。故凡程序上爲履行作爲義務所定之期間，性質上不能認係不變期間。專利法第二十五條規定，專利申請人主張優先權者，應於申請之日起三個月內檢送經該國政府證明受理之申請文件。此爲程序上補提證明文件之期間，參照本院一向之見解，性質上非屬法定不變期間，被告指該期間爲法定不變期間，自有未當。次按民法第一百十九條規定：『法令審判或法律行爲所定之期日及期間，除有特別規定外，其計算依本章之規定』。第一百二十條第二項規定：『以日、星期、月或年定期間者，其始日不算入』。專利法有關期間之規定，是否爲特別規定，亦應視規定之性質而定。被告原處分以專利法第二十五條規定『應於申請之日起三個月內』，相對於第二十四條規定『於第一次提出申請專利之次日起十二個月內』，認係特別規定，其期間之始日應算入計算。惟查專利法上諸多有關期間之規定，如第四十一條第一項『自公告之日起三個月內』、第二項『自異議之日起一個月內』、第四十五條『限期一個月內』、第七十二條第四項『自舉發之日期一個月內』，雖法文使用『……之日起』一詞，然實務上均認其期間之次日起算，未將始日算入。專利法上有關期間之規定，或謂『……之次日起』，或謂『……之日起』，實爲法文用語之不統一，要難一概視爲特別規定。第二十五條之期間，既爲程序上作爲履行之期間，徵諸上揭說明，依其性質不能視爲特別規定，自應適用民法有關規定，其期間之始日不應算入。又專利法施行細則第十條規定，本法及本細則關於專利之申請及其他程序期間之規定，其期間之末日爲星期日或其他休息日者，以其休息日之次日代之。前項期間之末日爲星期六，除郵遞外，書件或物件送達專利機關之日，以其次星期一上午代之。本件原告於八十六年十月二十四日向被告提出本件發明專利之申請，並主張優先權，有原處分書內之申請書可稽。其提出他國政府證明受理該發明專利之申請文件之三個月期間，應自八十六年十月二十五日起算，原應至八十七年一月二十四日始屆滿，而該日爲星期六，同月二十五日爲星期日，適逢周休二日，依民法第一百二十二條及專利法施行細則第十條規定，應以休息日之次日代之，故該三個月期間延至八十七年一月二十六日始屆滿。本件原告已於八十七年一月二十六日提出德國政府證明受理之文件，有被告加蓋於該文件上之日戳可稽，且爲被告所不爭，足見原告並未逾期提出該文件。至被告稱：『巴黎公約第四條第三項之規定其期間之計算，應自最初申請提出之日起算，申請之當日不計在內』，係於我國專利法第二十四條之『於第一次提出申請專利之次日起十二個月內』意旨相同，同法第二十五條『申請人應於申請之日起三個月內』，則與巴黎公約第四條第四項之(三)『在隨後之申請提出三個月以內任何時期中提出』實無二致，足推認該三個月以內之起算，始日不算入乙節。查專利法有關期間之規定，應依據其立法理由及其他相關法律解釋，巴黎公約內容如何，並無拘束專利法之效力，自難據以解釋第二十五條規定之期間起算，其始日當然算入。原處分以原告提出證明文件之日已逾法定期間，遂不予受理其優先權之主張，徵諸上揭說明，即有可議，訴願及再訴願決定未予糾正遞予維持，均有不合。」

(二) 逾越法定期間之法律效果及回復原狀

逾越法定期間，於符合專利法第17條第2項回復原狀之要件時，則可能不生失權之不利效果。例如申請人因天災或不可歸責於己之事由，遲誤法定期間者，於其原因消滅後30日內，得以書面敘明理由，向專利專責機關申請回復原狀。但遲誤法定期間已逾1年者，不得申請回復原狀。申請回復原狀，應同時補行期間內應爲之行爲。前二項規定，於遲誤第29條第4項、第52條第4項、第70條第2項、第120條準用第29條第4項、第120條準用第52條第4項、第120條準用第70條第2項、第142條第1項準用第29條第4項、第142條第1項準用第52條第4項、第142條第1項準用第70條第2項規定之期間者，不適用之。

在遲誤法定期間，要留意上述之規定，有些係不適用之情形。例如申請人或專利權人遲誤主張優先權、繳納證書費及第一年專利年費與補繳第二年以後專利年費之法定期間，因已生未主張優先權或失權之法律效果，所以2011年修法，參照專利法條約施行細則第12條及歐洲專利公約第122條等規定，增訂申請人或專利權人如非因故意遲誤者，得繳納一定費用，於一定期間內例外給予救濟之機會，此等期間之遲誤不宜再有回復原狀規定之適用。

第六章
專利權之性質、內容及範圍

一、排他權與專利權之性質

專利權之意義，依第6條規定觀之，專利申請權及專利權，均得讓與或繼承。專利申請權，不得爲質權之標的。以專利權爲標的設定質權者，除契約另有約定外，質權人不得實施該專利權。由此可知，專利申請權與專利權之意義與可讓與性質不同。專利申請權，不得爲權利質權之標的（民法第900條）。專利權以發明爲例，屬於私權，因申請、審查後授予而取得權利。其因授予而取得之權利，產生利用及禁止之權利。本質上亦可從公益與私益雙重思考。茲圖示如下：

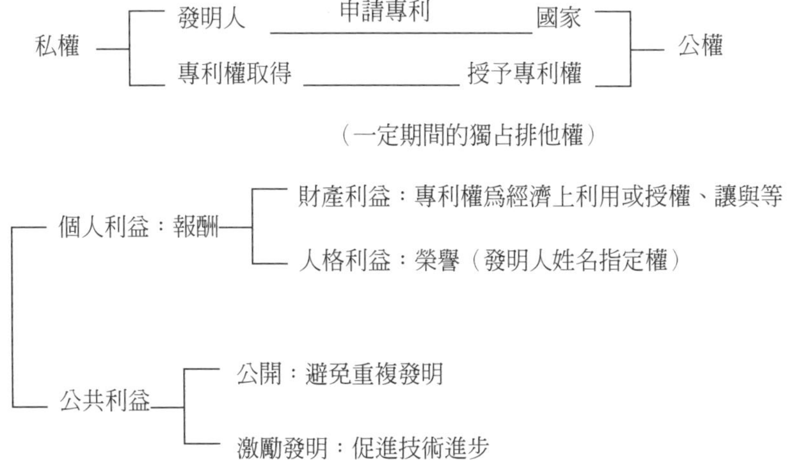

學理上對於專利保護制度之本質，向來有下列說法可供參考：

(一) 報酬說（Belohnungstheorie）

此說認爲有發明人創新成果時，基於公平正義之原則，社會就應給予相當之對價或報酬。一般而言，此種概念在資本原則社會（或稱市場經濟、開放經濟）之下始有可能存在。因爲只有公開市場上，才有所謂之對價或報酬；社會原則國家或計畫經濟的國家中，由於其商品之價格及經濟，均由國家有計畫之管制，故有謂報酬說無法解釋此種現象。

(二) 激勵說（Anspornungstheorie）

從國家社會之公共利益觀點出發，認爲發明人有所發明時，因將此發明加以利用，有助於公共利益，故應激勵其繼續產生其他發明。惟此種想法既係以公共利益爲考量，自然不甚重視個人利益之保護，故計畫經濟國家較會採用此種說法。

(三) 公開說（Offenbarungstheorie）

認爲專利保護不應只是當事人間之報酬或獎勵而已，應該將專利開放予大衆，讓大衆均得享用該發明成果，以避免發明秘而不宣，傳承不慎，導致後來失傳，如此不但會造成人類智慧創作之浪費，亦可能因發明無法流傳，阻礙產業技術之提升。又此說因發明人放棄該發明技術之保密而加以公開，作爲對價，故有稱之爲「契約說」（Vertragstheorie）。

(四) 綜合說（或稱公權與私權結合說）

認為上述幾種說法對於專利制度本質之理論，僅說明發明專利本質之一部分，如報酬說僅論及個人利益之部分（即私權），忽略發明專利權取得前，須經申請之特徵，此時專利申請權具有公權性質。而激勵說著重於發明專利制度之公共利益，雖可能激勵發明人創造更多發明，並於社會上加以實施，以促進產業發展，提升技術進步，但卻忽略發明專利法制保護發明人所應享有之個人利益之財產及人格上之權利本質，故此說法認為，發明專利制度之本質，在於強調私益與公共利益之調和與保護，且透過國家授予發明人專利權之行為，使其取得專利權，並使該發明技術成果擴散社會、造福人類，此說將上述各說予以綜合，有稱為「公權與私權結合說」。其從國家與發明人間為保護發明之專利權所存在之關係出發，此時國家與發明人間類似訂定一份契約，即透過發明人與國家訂定契約，由國家依專利法，授予發明人專利權，藉以保障其個人利益。由於此契約一方當事人為國家，故此專利關係具有公權性質，但發明人透過與國家締結契約取得專利權，因國家授予專利權後，專利權人從取得之專利權，性質上屬於私權，因此專利權之形成，兼具雙階段形成過程。發明人取得專利權後，其享有人格與財產雙重權能。在人格利益之保護方面，其享有發明人姓名表示權，將其姓名表示或揭載於專利證書或相關文書上。在其財產利益之保護方面，該發明專利權得於一定期間內加以積極利用（實施權或利用權），以獲取相當之報酬或對價，如發明人本身不願實施專利，可以授權或讓與他人實施或利用，因而獲取一定財產利益。因此，專利權之核心，係屬於私權之性質，但就整體專利權之形成過程觀察，其專利權制度之本質，因有國家授予行爲介入於專利權形成之前，此時有如國家與發明人間兼具正義與個人利益之要求，解釋上其綜合公權與私權雙重性質[1]。

二、專利權之內容：製造、販賣之要約、販賣、使用、進口

專利權如其他支配權（例如商標權、著作權、物權等），具有直接實施其權利內容的積極效力，以及排除他人干涉的消極效力。

(一) 積極效力：專利權之實施（製造、販賣、爲販賣之要約、使用及輸入等）。

(二) 消極效力：排除或禁止他人侵害（民事或刑事救濟）（禁止他人營利性實施）。

美國及國內之通說認爲專利權係「排除權」，有權利排除他人之利用自己專利，但非指自己得以依該專利積極加以利用。因爲該專利物品通常牽涉若干技術或概念，而該概念或技術可能已爲他人取得專利，所以製造該物品，仍需要取得他專利權人之同意。因此，通常可透過交互授權（cross licensing）、專利聯營（或稱聯盟、聯合）（patent pool）等，相互利用相關之專利。

---

1 參照蔡明誠，「發明專利法研究」，2000年，頁53-55。Vgl. Kraßer, Patentrecht, 5. Aufl., München: Beck, 2004, §3 II，該書以Fritz Machlup, An Economic Review of the Patent System (1958)之見解爲基礎。

惟前述看法，似將專利之標的與整體之物品相混淆，專利標的係針對可專利之部分，該部分既取得專利，該專利之構想或技術自可利用及禁止他人利用。至於與他人衝突部分非屬於專利範圍，故需要授權或同意，屬於原發明與再發明之關係，與再發明或整體發明之非自己專利是否可利用，乃屬於不同層次之問題。換言之，專利權享有利用與禁止權利，似不必稱專利權是排除權，其實專利權就可專利之部分，不但包括排除他人干涉之禁止權，還有積極支配專利範圍之利用權，否則難以解釋專利權如無利用權，何以可以授權他人實施其所取得專利保護之部分。

前述專利權之重心，主要在於「專利財產權」，如從專利法第7條第4項觀之，明文承認「發明人、新型創作人或設計人之姓名表示權」。姓名表示權是發明人格權之一種，深受國際之重視。保護工業財產權巴黎公約於1934年倫敦會議修正時，增列第4條之4承認「發明人人格權」，即「發明人享有姓名表示於專利案上之權利」。詳言之，此人格權，我國專利法於第7條第4項明確表示：「專利申請權及專利權歸屬於雇用人或出資人者，發明人、新型創作人或設計人享有姓名表示權。」可見其對「發明人姓名表示權」之肯認。

2011年修正，於第58條規定，將製造、爲販賣之要約、販賣、使用或進口，整合稱爲實施。發明專利權人，除本法另有規定外，專有排除他人未經其同意而實施該發明之權。又從物之發明與方法發明分別規定其實施權之內容，物之發明之實施，指製造、爲販賣之要約、販賣、使用或爲上述目的而進口該物之行爲。方法發明之實施，指下列各款行爲：(一)使用該方法；(二)使用、爲販賣之要約、販賣或爲上述目的而進口該方法直接製成之物。由上述可見，方法發明實施，較注重於使用方法直接製成之專利物品或未產生物品之方法（例如風向測定方法）。

三、設計專利之排他權

2011年修正，於第136條規定，設計專利權人，除本法另有規定外，專有排除他人未經其同意而實施該設計或近似該設計之權。又依第142條準用第58條第2項規定（即物之發明之實施，指製造、爲販賣之要約、販賣、使用或爲上述目的而進口該物之行爲）。因此，設計專利之權利，專利法就設計或近似設計，賦予排除他人未經其同意而實施之權利。

四、專利權保護之範圍

(一) 物之保護範圍與專利權解釋

按判斷是否構成專利權的侵害，應先確定申請專利技術保護範圍，但如其判定產生爭議時，法院應如何解釋，傳統專利司法實務上各國見解未盡一致。

依比較法觀點，向來有下列學說：

1. 中心限定（central definition）原則[2]

此爲德國以前之說法，現已改採折衷原則。該說認爲專利

[2] 通稱中心限定主義，本教材將所謂「主義」，均改爲「原則」，其餘則採此用語，不一一註明。

權所保護之客體爲該專利原理之基本核心，縱使其在專利請求之文義中並未具體表現出來，於參酌其所附之詳細說明書、圖式等所記載或標示之事物，亦受到保護。此屬於自由原則，其權利最後委由法院判定。

2. 周邊限定（peripheral definition）原則

申請專利所受保護範圍，以申請專利範圍爲最大限度，未記載於申請專利範圍之事項，不受保護。此屬於嚴格原則，其權利應在專利申請時即明確範圍，專利權範圍決定於專利專責機關階段。有如房地之圍牆，牆內範圍已定。

3. 折衷原則

由於前述二說各屬於極端的見解，目前世界則朝向調和的方向，例如歐洲發明專利公約（EPC）第69條及該條議定書。專利權所賦予之保護範圍，應依申請專利範圍之文義而決定，而說明書之記載及圖式，於解釋申請專利範圍時，應予使用。此說於專利保護範圍之解釋上，非拘泥於申請專利範圍單純之文字解釋，而容許參酌發明說明及圖式解釋專利保護範圍。

以上說法涉及發明專利權範圍之解釋，舊專利法規定發明專利權範圍以說明書所載之申請專利範圍爲準，申請專利範圍必須記載構成發明之技術，以界定專利權保護之範圍；此爲認定有無專利侵權之重要事項。我國實務上，在解釋申請專利範圍時，發明說明及圖式係屬於從屬地位，未曾記載於申請專利範圍之事項，固不在保護範圍之內；惟說明書所載之申請專利範圍僅就請求保護範圍之必要敘述，既不應侷限於申請專利範圍之字面意義，也不應僅被作爲指南參考而已，實應參考其發明說明及圖式，以瞭解其目的、作用及效果，此種參考並非如1998年修正專利法第56條第3項所定「必要時」始得爲之。因此，2004年7月1日修正施行之專利法修正該條第3項規定時，參考歐洲發明專利公約第69條規定之意旨修正爲「於解釋申請專利範圍時，並得審酌發明說明及圖式」，以期明確。準此，發明專利權範圍以說明書所載之申請專利範圍爲準，在申請專利範圍未記載之元件或限制條件，即非專利權範圍，是以，原則上應以每一請求項中所記載之文字意義及該文字在相關技術中通常總括的範圍予以認定，將據以主張權利之該項申請專利範圍文字，原原本本地列述（recite），不可讀入（read into）詳細說明書或摘要之內容，亦不可將任何部分之內容予以移除，亦即不得將申請專利範圍未有之事項或限制條件（文字、用語），透過或依據專利說明書之內容予以增加或減少，以致變動申請專利範圍對外所表現的客觀專利範圍。僅於對申請專利範圍中之記載有疑義（如有含混或未臻明確之用語）而需要解讀時，始應一併審酌發明說明、圖式，以求其所屬技術領域中具有通常知識者得以理解及認定之意涵[3]。

2011年修法時，發明專利權範圍，以申請專利範圍爲準，於解釋申請專利範圍時，並得審酌說明書及圖式（第58條第4項）。摘要不得用於解釋申請專利範圍（第58條第5項）。新型專利範圍，依第120條規定準用第58條第4項及第5項規定。設計專利權範圍，以圖式爲準，並得審酌說明書（第136條第2項）。

---

[3] 參照智慧財產法院100年度民專上字第21號民事判決。

美國法：

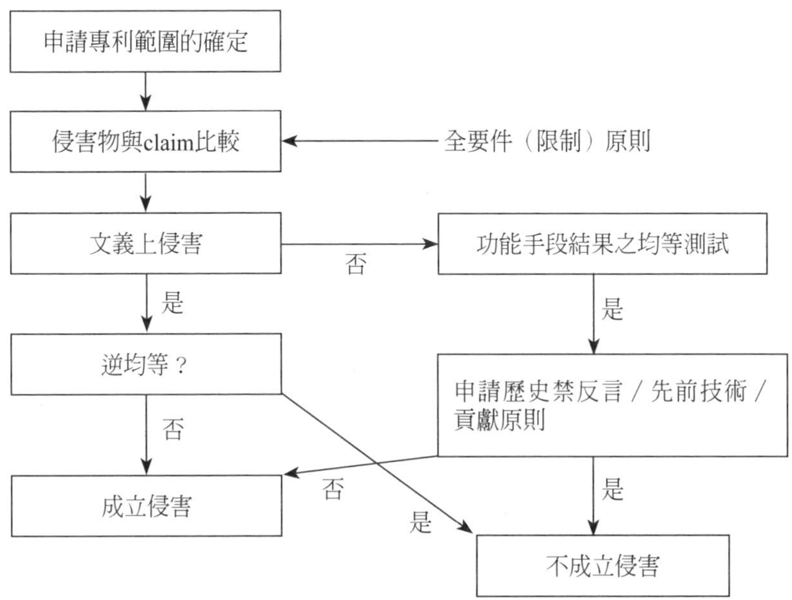

侵害判斷時，有關申請專利範圍之解釋是為事實問題（question of fact），或是法律問題（question of law）？美國Markman v. Westview, 52 F.3d 967, 34 U.S.P.Q.2d 1321 (Fed. Cir. 1995), affd 116 S.Ct. 1384 (1996)認為屬於法律問題，由法官解釋，而非陪審團（jury）。有稱之為「馬克曼聽證」（Markman Hearings）。

有關均等論（the doctrine of equivalents）之適用，美國Festo Corp. v. Shoketsu Kinzoku Kogyo Kabushiki Co., Ltd., et al. (Decided May 28, 2002)論及<u>均等理論之適用可能性</u>。此均等理論於高等法院判決原採否定態度（全面阻卻原則；the “complete bar” rule），在最高法院改採彈性之阻卻標準（the “flexible-bar” standard），均等論之適用，對於不可預見之可能功能、手段與結果均等（an unforeseen equivalent），則不應加以適用。反之，如可以預見，方可適用均等論[4]。

我國實務上採取類似美國法見解，以判斷專利權之侵害。但均等論是否採取前述Festo案之最高法院判決見解，則有待進一步觀察。

實務上我國法院關於專利侵權判斷，應先文義讀取，如未構成文義上侵害，再就有關均等論之測試，採「逐一元件（element by element）比對原則」，逐一比對各技術特徵之技術手段、功能及結果是否實質相同，而非就申請專利範圍整體（claim as a whole）爲比對[5]。

另如甲將與乙專利權範圍並不相同之專利「網料」與同樣不涉及侵害乙專利權之「框料」及「接頭」組合使用，係將該

---

[4] 但有人評述Festo案，有下列疑義：可預見性或不能撰寫申請專利範圍之意義爲何：What, exactly, does “foreseeability” or “inability to draft a claim” mean? 預見可能性與容易知悉是否相同概念：Do the terms “foreseeable” and “readily known” mean the same thing?
此等問題之解決有無客觀標準：Will these issues be decided according to an objective or subjective standard?
此等問題是法官決定之法律問題，還是陪審團決定之事實問題：Will these issues of foreseeability and ready knowledge be decided by a judge as a matter of law, or a jury as a question of fact? What will be the role of expert testimony in the litigation of these questions? (*See* Scott W. Burt and Gregory A. Castanias of Jones Day. The Supreme Court’s Decision in Festo Corp.: An Important New Development Regarding the Scope of Patent Protection). 國內對Festo案之介紹與評析，參照羅炳榮，「工業財產權叢論——Festo篇」，翰蘆經銷，2005年6月。

[5] 參照智慧財產法院98年度民專更(一)字第2號民事判決。

專利「網料」作爲鋁門窗用途之通常使用方法，原屬該專利權之實施行爲，至其實施行爲是否涉及侵害其他專利權保護範圍，涉及專利權侵害鑑定之專業判斷，與一般單純專利權侵害事件之形態並不相同，而甲僅係一個從事鋁門窗加工之業者，其利用各種不涉及侵害他人專利權之基材，組合成符合顧客需要之各種成品，依一般經驗法則，本屬其正當之營業內容，此種行爲是否涉及專利權之侵害，顯然已經超過甲判斷能力範圍之外，而乙在其對甲告知之存證信函中，亦僅對甲涉嫌侵害其專利權之事實作概括之陳述，並未明白就前揭一般人無從確知之專利權實施範圍爲明確之說明，甲並不能從乙之存證信函中獲得侵害甲專利權之認識。且即使以專業鑑定之角度來觀察，甲此種行爲是否會構成對乙專利權之侵害，其行爲與專利鑑定原則中將專利權之申請專利範圍之文義，與甲對象之文義，兩者逐一比對，若甲具有申請專利的每一個構成要件，且其技術內容相同，侵害才成立之原則[6]。

前例雖發生於專利法未完全除罪化之刑事案例，但從其判決可見，實務上已採取文義侵權與均等論及其相關限制事項（例如申請歷史禁反言及先前技術，另可能要就貢獻原則及全要件（限制）原則，作爲判斷是否侵害專利權之原則〔參照經濟部智慧財產局專利侵權判斷要點（105年版）〕[7]。換言之，在有關專利侵權判斷之實務上，先以文義解釋（字義解釋）

---

[6] 參照臺灣高等法院花蓮分院86年度上易字第95號刑事判決。

[7] 參照https://topic.tipo.gov.tw/patents-tw/cp-746-871864-17e71-101.html（最後瀏覽日期：2022年4月11日）。

（literal infringement）。之後，採取均等論原則之三部測試，即以實質相同（same）（或稱均等，下同）之方法（way）、實現實質相同之功能（function）、發生實質相同之結果（result）判斷。依據105年版之侵害鑑定要點，將「全要件（全限制）原則」（The All Elements Rule; the All Limitations Rule）作爲均等論的限制事項之一，因此於該階段亦考量全要件（全限制）原則。此所謂均等論之限制事項，即指申請歷史禁反言（Prosecution history estoppel）、先前技術阻卻及貢獻原則。另有將主要限制，除以上三項外，第四項係在全要件原則之適用下，均等論不能用於削弱整體申請專利範圍之限制（vitiates an entire claim limitation）者，請參考[8]。

至於實際個案，有關待鑑定物是否有專利侵權之事實，事涉司法機關職權，仍應由司法機關依法認定之。

此外，相關理論介紹，參考下引二則之智慧財產法院判決，該實務見解就此等侵害判斷之原則，論述相當詳細，值得參考。

按新型專利權範圍，以申請專利範圍爲準，於解釋申請專利範圍時，並得審酌說明書及圖式。判斷被控侵權對象是否侵害專利權，首先應依專利說明書所載之申請專利範圍爲準，並得參酌說明書內容解釋申請專利範圍中之用語，惟不得將說明書中所載之限制條件讀入申請專利範圍，倘說明書並無明確之

[8] 參照Amy L. Landers, Understanding Patent Law, §30.01, 29.07 (2018 3rd Ed.); https://topic.tipo.gov.tw/patents-tw/cp-746-871864-17e71-101.html (last visited 2022/3/22).

定義，則須依通常習慣總括之意義予以解釋。又解釋申請專利範圍所使用之證據包括內部證據與外部證據，其內部證據係包括請求項之文字、發明（或新型）說明、圖式及申請歷史之檔案資料，所謂申請歷史檔案，係指自申請專利至維護專利過程中，申請時原說明書以外之文件檔案。例如申請、舉發或行政救濟階段之補充、修正文件、更正文件、申復書、答辯書、理由書或其他相關文件[9]。

若內部證據足使申請專利範圍清楚明確，則無須考慮外部證據。若外部證據與內部證據對於申請專利範圍之解釋有衝突或不一致者，則優先採用內部證據。專利權範圍主要取決於申請專利範圍中之文字，若申請專利範圍中之記載內容明確時，應以其所載之文字意義及該發明所屬技術領域中具有通常知識者，所認知或瞭解該文字在相關技術中通常所總括的範圍予以解釋。申請專利範圍一經公告，即具有對外公示之功能及效果，必須客觀解釋之。為使公眾對於申請專利範圍有一致之信賴，解釋申請專利範圍應以前述具有通常知識者之觀點為判斷主體，才不致於流於主觀判斷。解釋申請專利範圍是以其中所載之文字為核心，探究該新型所屬技術領域中具有通常知識者於申請專利時，所認知或瞭解該文字之字面意義（plain meaning），除非申請人在說明書中已賦予明確的定義[10]。

---

[9] 參照智慧財產法院100年度民專訴字第135號民事判決。

[10] 參照智慧財產法院100年度民專訴字第93號民事判決。

▲實例問題

1. 採取周邊限定原則者

(1) 最高行政法院73年度判字第724號判決：「專利法保護對象係以申請專利說明書之請求專利部分所聲請之範圍為限，請求專利部分未記載之事項，縱於原說明書上之其他部分有所記載或說明，均非專利權之範圍。」（按：請求專利部分，現稱為「申請專利範圍」）。

(2) 最高行政法院76年度判字第77號判決：「查本案標的在於遊樂艇之形狀，並非遊樂艇『手轉式旋翼』局部形狀之申請，雖經原告修正其名稱為『具有手轉式旋翼』之遊樂艇，但並非標的範圍之變更，專利名稱並非界定申請標的之範圍，申請專利標的之明確界定應在於『請求專利部分』之內容。」

(3) 最高行政法院78年度判字第1790號判決：「查專利所保護之對象，係以申請專利說明書之請求專利部分所聲明之範圍為限。本案請求專利部分主張之範圍，已如被告機關異議審定書所述，其主要特徵部分屬申請前已見公開之習用技術，難謂首創。而原告所謂本案『經壓配配合，再由強力接著劑作接合』之作法，其功效僅係該二習用處理方式所生功效之單純相加，未見有相乘功效之增進，並未能產生某一新作用或增進該物品某種功效，難謂創新之空間形態，與新型專利要件並不相符，所訴殊無足採。一再訴願決定，遞予維持原處分，均無不合。」

(4) 臺灣高等法院90年度上易字第642號刑事判決：「專利權

爲具有高度排他性效力之權利，專利權人不僅可以享有法律所賦予之權利，甚至可以排除他人未經其同意而利用其發明之行爲，其可謂有法律上所賦予之獨占地位，正由於專利權之排他效力，因此對於法律上所賦予之專利權之權利範圍，即有予釐清及確定之必要，而規範專利權範圍解釋之專利法第五十六條第三項、第一百零三條第二項、第一百十七條第二項，其規範方式及內容與德國專利法及歐洲發明專利公約中之規定相當接近，此可由行政院於八十三年一月二十一日專利法修正時之提案理由表示：『申請專利範圍係專利之核心，亦爲專利權人所得主張之權利範圍，……爰參酌……歐洲發明專利公約第六十九條……加以明文』等語可證；依前揭專利法之相關規定，專利權之範圍應以說明書所載之『申請專利範圍』爲準，而『說明書及圖式』、『創作說明』只是於必要時得審酌者，亦即其只是在解釋、認定申請專利範圍時，用以輔助說明、瞭解申請專利範圍之內容而已，其本身並不具有直接確定專利保護範圍之作用，因此『申請專利範圍』對於專利保護範圍之認定，便具有決定性之作用；只有於申請人於申請專利範圍中曾提及之技術，始爲專利保護範圍所及，若某項技術雖於說明書或圖式中曾被述及，但在申請專利範圍中卻完全未被提及，則其縱使嗣後取得專利權，該部分仍應不在受專利保護之範圍內，因此申請人提出申請時，其於說明書上所載之『申請專利範圍』即應涵蓋申請人所有欲受到保護之內容，至於說明書中之其他說明與圖式，均只是法院在解釋認定『申請專利範圍』必要時用以參酌者，而參酌之結果可能會對申請專利範圍有所限縮或擴張，在擴張之情形，並不得超出申請專利範圍所提及之部分，而在限縮之情形，則申請人嗣後並不得再行主張其仍為專利權保護之範圍，則自訴人稱須依『中心限定原則』審查云云，顯有誤會，應予敘明。」

2. 採取中心限定原則者

最高行政法院75年度判字第35號判決：「按凡新發明具有產業上利用價值者，得依法申請專利，為行為時專利法第一條所規定。又發明專利之申請，應按請求專利之範圍，由請求專利部分所載者界定之，請求專利部分所用之文字之意義，以詳細說明書及圖式所載者為依據。惟為明確瞭解請求專利部分之範圍，自申請以至核准過程中申請人所表示之意圖及補充資料，在不超出變更申請案之實質範圍內應予審酌，以求判斷之公正與慎重。」

3. 折衷原則

現行專利法第56條第3項：「發明專利權範圍，以說明書所載之申請專利範圍為準，於解釋申請專利範圍時，並得審酌發明說明及圖式。」

臺灣臺南地方法院92年度智字第11號民事判決：「關於專利技術保護範圍之界定，學說上固有：中心限定原則：專利權所保護之客體為該專利原理之基本核心，縱使其在專利請求之文義中並未具體表現出來，於參酌其所附之詳細說明書、圖式等所記載或標示之事物，亦受到保護。周邊限定原則：申請專利所受保護範圍，以申請專利範圍為最大限度，未記載於申請專利範圍之事項，不受保護。折衷原則：專利權所賦與之保護範圍，應依申請專利範圍之文義而決定，而說明書之記載及圖式，於解釋申請專利範圍時，應予使用。此說於專利保護範圍之解釋上，非拘泥於申請專利範圍單純之文字解釋，而容許均等原則之適用。

我國專利法第一百零六條規定：申請新型專利，由專利申請權人備具申請書、說明書、申請專利範圍、摘要及圖式，向專利專責機關申請之；又第一百二十條準用第二十六條規定，說明書應明確且充分揭露，使該發明所屬技術領域中具有通常知識者，能瞭解其內容，並可據以實現。另同法第一百二十條準用第五十八條第四項規定，發明專利權範圍，以申請專利範圍為準，於解釋申請專利範圍時，並得審酌說明書及圖式。是以，我國專利法針對專利技術保護範圍之界定，係採取折衷原則，即明文規定專利之保護範圍應以申請專利範圍之內容及對前開專利範圍之解釋為依據，既不以專利說明書之全部，亦不僅以申請專利範圍之文義為其範圍。」

◎文義讀取

按專利法第120條準用第58條第4項「新型專利權範圍，以申請專利範圍為準，於解釋申請專利範圍時，並得審酌發明說明書及圖式」，雖規定並得審酌創作說明及圖式，惟尚不能將其不當讀入申請專利範圍而限制其範圍。經查系爭專利為一新型物品，其特徵主要在於物品之形狀、構造或裝置之改良。申請專利範圍第1、14項所請關於防霉組合物之文字，雖未明確界定防霉組合物為何，但並無限制該防霉組合物為天然物質所組成者，故於解釋申請專利範圍時，不應將說明書創作說明中載述之天然物質作為限制，而無將該防霉組合物限縮於由天然物質所組成者之理由。再者，系爭專利說明書第7頁第13行記載「較佳的，本創作防霉貼片之貼紙內更含有抗氧化劑」等語，以及第9頁第14至15行亦記載「再者，本創作該防霉貼片中更含有抗氧化劑，俾該防霉貼片除防霉效果外，更具備抗氧化之防鏽效果者。」等語，亦未界定該抗氧化劑究否屬天然物質，故不應將系爭專利申請專利範圍第1、14項之防霉組合物限縮解釋為以天然物質所組成者。況且，系爭專利為新型專利為物品之形狀、構造或裝置之改良，其審究及保護的範疇在於物品之構造，就本件系爭專利而言，即其層狀結構，至於該層狀結構之材質或塗覆之物質性質非為所問（參照智慧財產法院100年度行專訴字第124號判決及修正專利法修訂）。

◎文義讀取與均等論

智慧財產法院99年度民專上字第81號民事判決認為，我國專利法解釋專利權範圍，係採學說所謂折衷限定主義（介於中心限定主義及周邊限定主義之間），原則上對於專利權保護之範疇，係以申請專利範圍為準，並得參考說明書及圖示，以解釋該專利範圍，未侷限於字面意義，不採周邊限定主義之嚴格字義解釋原則。為周延保護專利權人之權利範圍，避免他人以間接方式侵害專利權之行為，以取巧迴避專利權之文義範圍，於系爭產品之技術內容實質上與系爭專利均等時，亦認構成專利權之侵害。另一方面，為防止專利權人利用均等論將其專利之技術內容擴張至系爭專利申請日前之先前技術，不當主張先前技術亦為專利權之保護範圍，恣意擴張專利權之權利範圍，反而有礙技術創新與產業進步，即有先前技術阻卻抗辯以限制均等論之適用。因此，於判斷系爭產品是否落入系爭專利之專利權範圍，關於判斷系爭產品是否符合「文義讀取」，與判斷系爭產品是否適用「均等論」，係屬兩種不同層次之概念，且均等論本屬申請專利範圍字義之擴張，專利權人如欲在專利權之文義範圍外，進一步主張系爭產品實質上符合系爭專利之均等範圍，本於辯論主義，即應爲訴訟上爲具體之適用均等論的主張，並分別就系爭產品與系爭專利之技術手段、功能及效果爲陳述，且經行爲人就此爲攻防後，法院始得據以認定系爭產品與系爭專利是否實質相同而應否適用均等論。

4. 專利禁反言與我國適用可能性

(1) 專利專責機關就專利案件之前後竟持相反之認定，是否違反「禁反言」原則？

「小型散熱扇定子感應元件易定位構造」向被告申請新型專利，經編爲第86216105號審查，准予專利。被告於87年6月25日台專（判）字第04024字第121275號專利審定書(一)、第(五)點理由中，明確指出引證案並未揭露有「電路板上之感應元件係設在線圈座中心點與上極片之極前端所連接形成之直線之縱向位上」之技術特徵事實，然於本件原處分所爲之專利異議審定第(三)點理由中卻改稱：「……，但由證據三、四之第三圖中仍可顯示其電路板上的感應元件22係對應下積磁軛片14之極前端或極後端。」本件被告對同一引證案之構造，前後竟持相反之認定，是否違反「禁反言」原則？

最高行政法院90年度判字第2547號判決：「本案雖曾經被

告審查准予專利，但若有法定事由，第三人得於公告之日起三個月內，備具異議書，附具證明文件，向被告提出異議。審定公告之新型專利案，公告期滿無人異議者，審查確定，而本案於公告期間關係人黃○良依法提出異議，本案自尚未審查確定，則本件原處分尚難謂有違反禁反言或行政自我拘束原則。」

(2) 專利之侵權鑑定係以專利權案申請專利範圍爲準，判斷「待鑑定物」之構造是否落於該專利權範圍內，所依據之判斷法則爲「全要件原則」、「均等論」、「禁反言」等，而專利權之撤銷（異議、舉發）是否僅係以本案之主要技術內容（申請專利範圍）爲準，而依所提之異議證據揭露之習知技術，判斷本案是否符合「新穎性」、「進步性」、「產業上利用性」等專利要件，是以兩者判斷之基準並不相同？

否定說認爲：「全要件原則」及「均等論」係侵害鑑定之判斷原則，而「專利審查基準」中並無「全要件原則」、「均等論」之判斷，故異議案審查時要先判斷「全要件原則」、「均等論」，再判斷新穎性、進步性之看法，顯爲誤解，不足採信〔最高行政法院88年判字第2200號判決未對此表示見解，否定說係再審被告機關經濟部智慧局（原經濟部中央標準局）之見解〕。

(3) 最高行政法院87年度判字第2607號判決未表示見解，但被告機關主張：「起訴理由訴稱『……而本案將該VNC-1350之切張機運至寶訊公司乃係爲了進行自動化生產流程之實驗，從運送至研發實驗過程中未對外公開，能接觸者僅有寶訊公司之相關操作者及本公司之研發人員，並非不特定之第三人所能共見……』等云。事實上，經核異議證據六之照片上之銘牌，乃原告自行製作於其VNC-1350機器上者，故依禁反言原則，嗣後若無提出明確之反證者，其眞實性即不容否認。」

(4) 最高行政法院87年度判字第1691號判決未表示見解，但被告機關主張：「被告答辯意旨略以：一、起訴理由指稱本案有違反專利法第九十七條、第九十八條第一項第一款及第二項之規定，只要能至現場勘察即可一目了然，且『至現場勘察』之請求於法並無不可等云云。惟按『專利案之異議舉發屬當事人進行原則，於異議舉發程序中當事人主張有利於己之事實者，就其事實有舉證責任』（行政法院七十四年六月六日七十四年判字第七四四號判決參照），是以本件異議事件應以當事人進行原則進行。原告（即異議人）於異議審查階段既已函復不欲前往，依『當事人進行原則』及『禁反言原則』，即應視爲無主張現場勘察而無勘察之必要。今原告於訴訟階段訴稱其前因出國、不克前往勘察，非刻意迴避云云，惟所訴已非原異議審查階段所能審究，縱或再行前往勘察，不論所見爲何，均不能證明訴訟標的（再訴願決定書、訴願決定書、異議審定書）有所違誤，所訴無理由。」

(5) 最高行政法院86年度判字第2531號判決：「被告答辯意旨略謂：一、起訴理由二、三、四主要稱，引證二之第一、二圖爲先前技術，故該先前技術亦公開於本案申請日之前；本案之連接孔、連接元件爲引證一、二之簡單變化，本案係該等先前技術之轉用而已；本案與引證二之結構、原理均屬利用桿柱或扣組於孔體，本案確爲引證一、二之簡單組合運用；補證A、B、C相關人員均願爲人證並隨傳隨到，並有親筆簽名者，本案認事用法顯有不當云云。惟異議理由係以引證二（即第八二二〇三九一〇號『塑膠袋手提環雙夾扣結構之改良』專利案）之第三圖，即以內、外扣片之直桿部、透孔爲主張，故被告之處分並無違誤，原告亦有失『禁反言原則』。判決對禁反言原則未表示見解。」

◎申請專利範圍之解釋係屬法律適用問題、均等論與禁反言

1. 智慧財產法院100年度民專上字第53號民事判決：「我國專利法解釋專利權範圍，係採學說所謂折衷限定主義（介於中心限定主義及周邊限定主義之間），原則上對於專利權保護之範疇，係以申請專利範圍爲準，並得參考說明書及圖示，以解釋該專利範圍，未侷限於字面意義，不採周邊限定主義之嚴格字義解釋原則。爲周延保護專利權人之權利範圍，避免他人以間接方式侵害專利權之行爲，以取巧迴避專利權之文義範圍，於系爭產品之技術內容實質上與系爭專利均等時，亦認構成專利權之侵害。另一方面，爲防止專利權人利用均等論將其專利之技術內容擴張至系爭專利申請日前之先前技術，不當主張先前技術亦爲專利權之保護範圍，恣意擴張專利權之權利範圍，反而有礙技術創新與產業進步，即有先前技術阻卻抗辯以限制均等論之適用。此外，經由專利公告制度之公示性，使公衆確知專利權之範圍，且專利權人於取得申請至維護過程中，於補

充、修正、更正、申復及答辯等申請歷史檔案所爲之限定或排除，如與可專利性相關，並減縮申請專利範圍，足使公衆對之產生信賴，本於誠信原則，無由容許專利權人於專利侵權訴訟再爲相反之主張，假借「均等論」之適用，重爲主張其原先已放棄之部分，故「禁反言」乃均等論之阻卻事由。

2. 有關申請專利範圍之解釋，涉及專利權範圍之界定，係屬法律適用之問題，倘若兩造對之有所爭執時，法院應依職權認定。而比對解釋後之系爭專利申請專利範圍與系爭產品，判斷系爭產品是否落入系爭專利權範圍，則屬事實認定之問題。有關均等論之適用，涉及申請專利範圍字義之擴張，依辯論主義，應由專利權人爲適用均等論之主張；至禁反言原則係屬妨礙專利權人請求之事由，本於辯論主義，即應由行爲人爲禁反言之主張，並以相關之申請歷史檔案爲判斷依據。

3. 禁反言原則之適用，限於專利權人所爲之補充、修正、更正、申復及答辯等，係與可專利性有關，並減縮其申請專利範圍者。所謂與可專利性有關，包含爲克服先前技術，以及其他與核准專利有關之其他要件（如可據以實施、書面揭露等），其認定係依專利權人當時就補充、修正、更正、申復及答辯等所說明之理由，具體判斷是否與可專利性相關；如其理由說明不明確者，推認其與可專利性相關，惟專利權人證明其與可專利性無關者，即不適用禁反言原則。另專利權人所爲之補充、修正、更正、申復及答辯等，雖與可專利性有關，倘未減縮申請專利範圍，仍無禁反言原則之適用。此外，禁反言之阻卻範圍僅以專利權人限定或排除之部分爲限，並非對於該項技術特徵未經限定或排除之部分均不得再主張均等論之適用，以求周延保護專利權之均等範圍，避免不合理地判定專利權人放棄之範圍，惟就此經修正但未被排除之均等範圍的有利事實〔如於補充、修正、更正、申復及答辯等當時無法預見之均等範圍（如新興技術）；所爲補充、修正、更正、申復及答辯等之理由與均等範圍之關聯性甚低；無法合理期待專利權人當時即記載該均等範圍等〕，應由專利權人負舉證之責。

4. 學理上就禁反言原則之探討，固有「解釋申請專利範圍之禁反言」與「均等論適用之禁反言」之分，前者認爲兼顧當事人利益與公共利益之考量，禁反言原則非僅屬抗辯，亦爲申請專利範圍之限制，法院於解釋申請專利範圍時，得審酌發明說明及圖式，亦須審究申請歷史檔案，不許專利權人於專利侵權訴訟中重行主張其已放棄之部分。後者則認爲禁反言原則源自誠信原則，係限縮專利權人所主張之均等範圍，且就技術特徵予以減縮，並非以申請歷史檔案重新解釋申請專利範圍、進而減縮專利權之文義範圍，是以於不構成文義侵害而進行均等論之判斷時，始進一步基於行爲人之主張判斷適用禁反言原則與否；至於判斷方式，有於認定系爭產品適用均等論時，再判斷禁反言原則之適用，亦有於被控侵權物顯然適用禁反言原則時，直接認定系爭產品未落入均等範圍。本院於本件民事訴訟係採後者之見解，並先判斷系爭產品是否有部分技術特徵不符合文義讀取且適用均等論之後，再為禁反言原則之判斷。

◎從內部與外部證據觀點解釋者

智慧財產法院就舊專利法規定，曾有判決認為，按「發明專利權範圍，以說明書所載之申請專利範圍為準。必要時，得審酌說明書及圖式」。90年專利法第56條第3項定有明文。發明專利權範圍既以說明書所載之申請專利範圍為準，申請專利範圍自須記載構成發明之技術，以界定專利權保護之範圍。再者，對於申請專利範圍之解讀，應將據以主張權利之該項申請專利範圍文字，原原本本地列述，不可讀入詳細說明書或摘要之內容，亦不可將任何部分之內容予以移除。如有含混或未臻明確之用語，可參酌發明說明、圖式，以求其所屬技術領域中具有通常知識者得以理解及認定之意涵。而解釋申請專利範圍，得參酌「內部證據」與「外部證據」，前者係指請求項之文字、發明說明、圖式及申請歷史檔案；後者指內部證據以外之其他證據，例如創作人之其他論文著作、其他專利，相關前案（如追加案之母案、主張優先權之前案），專家證人之見解，該發明所屬技術領域中具有通常知識者之觀點、權威著作、字典、專業辭典、工具書、教科書等。若內部證據足使申請專利範圍清楚明確，則無須考慮外部證據。若外部證據與內部證據對於申請專利範圍之解釋有衝突或不一致者，則優先採用內部證據。準此，有關系爭專利申請專利範圍之解釋，原則上應以系爭專利申請專利範圍中所記載之文字意義及該文字在相關技術中通常總括的範圍，予以認定，對於申請專利範圍中之記載有疑義而需要解釋時，始應一併審酌發明說明、圖式（參照最高行政法院99年度判字第1271號判決）。蓋因申請專利範圍一經公告，即具有對外公示之功能及效果，爲使公衆有一致之信賴，因此解釋申請專利範圍應以「客觀合理方式」解釋其文字的客觀意義，非探求申請人之主觀意圖。又解釋申請專利範圍既在探知申請人於申請當時記載於申請專利範圍之客觀意義，自應以該發明所屬技術領域中具有通常知識者就該文字於系爭專利申請時於相關技術領域中所被認知或瞭解之範圍予以解釋，以該虛擬之人之角度出發，始不會流於主觀，除非申請人於說明書中賦予該文字特定之定義，否則應以該發明領域中之通常知識者通常習慣之意義作爲申請專利範圍中之文字意義，並應以內部證據爲優先適用，當內部證據無法清楚顯示其意義時，始參酌外部證據解釋之[11]。

(二) 地之保護範圍：屬地原則

專利申請雖有專利合作條約（PCT）或歐洲發明專利公約（EPC）、歐盟新式樣等國際或區域性之專利，但仍不達到世界專利之統一階段。專利法具有屬地性，因此我國專利法施行現行有效法律效力所及之領域。

▲實例問題

臺灣高等法院89年度上訴字第3206號刑事判決：「專利僅在獲准之國家或地區內有效，而不及於其他國家或地區，故必須在各國各別申請、接受審查後，分別取得專利權，無所謂世界專利制度，故世界專利並非有明確涵義之專有名詞，惟事

[11] 參照智慧財產法院103年度行專更(一)字第2號判決。

實上取得專利權之國家數，仍不應與使用世界性專利之表面文義相去太遠，且產品上使用世界專利之用語，衡有吸引消費者購買之功能，則取得專利權國家數之多寡，足以影響產品之價值，自不待言。」

(三) 時之保護範圍與延長之例外規定

發明專利權期限，自申請日起算20年屆滿（參照第52條第3項）。醫藥品、農藥品或其製造方法發明專利權之實施，依其他法律規定，應取得許可證者，其於專利案公告後取得時，專利權人得以第一次許可證申請延長專利權期間，並以一次爲限，且該許可證僅得據以申請延長專利權期間一次。前項核准延長之期間，不得超過爲向中央目的事業主管機關取得許可證而無法實施發明之期間；取得許可證期間超過5年者，其延長期間仍以5年爲限（參照第53條第1項及第2項）。

新型專利權期限，自申請日起算10年屆滿（第114條）。

設計專利權期限，自申請日起算12年屆滿；衍生設計專利權期限與原設計專利權期限同時屆滿（第135條）。

第七章
專利權之效力

一、專利權之效力及其限制

專利權具有私益與公益雙重屬性，其可能約定或法定原因而其效力受到限制。

約定限制，例如專利權人之同意、授權、設定質權或讓與等，因而限制專利權之利用權或禁止權之行使。

法定限制，主要是民國105年12月30日（106年5月1日施行）修正專利法第59條規定發明專利權之效力，其係爲保障專利申請人所享有優惠期之利益不受影響，配合修正條文第22條第3項規定，將原第1項第3款但書之6個月期間修正爲12個月；其餘各款未修正。亦即發明專利權之效力，不及於下列各款情事：

(一) 非出於商業目的之未公開行爲。

(二) 以研究或實驗爲目的實施發明之必要行爲。

(三) 申請前已在國內實施，或已完成必須之準備者。

　　但於專利申請人處得知其發明後未滿12個月，並經專利申請人聲明保留其專利權者，不在此限。

(四) 僅由國境經過之交通工具或其裝置。

(五) 非專利申請權人所得專利權，因專利權人舉發而撤銷時，其被授權人在舉發前，以善意在國內實施或已完成必須之準備者。

(六)專利權人所製造或經其同意製造之專利物販賣後，使用或再販賣該物者。上述製造、販賣，不以國內爲限。

(七)專利權依第70條第1項第3款規定消滅後，至專利權人依第70條第2項回復專利權效力並經公告前，以善意實施或已完成必須之準備者。

前項第3款、第5款及第7款之實施人，限於在其原有事業目的範圍內繼續利用。

第1項第5款之被授權人，因該專利權經舉發而撤銷之後，仍實施時，於收到專利權人書面通知之日起，應支付專利權人合理之權利金。

非專利申請權人所得專利權，因專利權人舉發而撤銷時，其被授權人在舉發前以善意在國內使用或已完成必須之準備者。此使用人，限於在其原有事業內繼續利用。此所稱之被授權人，因該專利權經舉發而撤銷之後，仍實施時，於收到專利權人書面通知之日起，應支付專利權人合理之權利金。此所謂中用權，於專利權存否之空窗期間，使利用人不致於構成侵權。

專利權人所製造或經其同意製造之專利物品販賣後，使用或再販賣該物品者。

2011年修法時，爲杜學說上之爭議，且按智慧財產權之權利耗盡原則是否予以採納，依與貿易有關之智慧財產權協定（TRIPS）第6條規定，可由世界貿易組織會員自行決定，本法有關專利權耗盡所採之原則，依第1項第6款規定，係採國際耗盡原則，惟修正前第2項復規定相關販賣之區域，須由法院認定之。按權利耗盡原則究採國際耗盡或國內耗盡原則，本屬立法政策，無從由法院依事實認定，因此修正刪除第2項後段文字，明確採國際耗盡原則。

依專利法第120條規定，第59條準用於新型專利。例言之，第59條第1項第3款規定，新型專利權之效力不及於在新型專利申請前已在國內實施，或已完成必須之準備者，及第59條第2項又規定，該款之實施人，限於在其原有事業目的範圍內可繼續利用。例如甲提出申請本件新型專利權之日期爲2006年6月28日，乙確於2006年6月10日亦有出賣過與甲享有新型專利權相同之警用皮帶頭，則認於乙提出申請前，該新型專利之技術已經存在，乙在甲申請前即爲實施人，且乙仍在其原來事業目的範圍內繼續爲相同之利用，則揆諸前揭專利法之規定，乙於2008年6月間自無違反專利法侵害他人新型專利權之行爲[1]。

另如甲公司所有之「打火機套統樞接結構之改良」新型專利，係於2006年12月31日向主管機關提出申請，經審核通過後，自2007年3月1日起取得新型專利權。乙係自「2004年1月間起」，連續仿造上開新型專利打火機而銷售予國內外客戶，如此情形下，乙製造與被害人相同新型專利產品之時間早在甲申請專利之前，則乙所爲即不成立違反專利法之行爲[2]。

綜上，凡在某一新穎構造，在專利權人申請專利前，已在國內使用，並於專利權人申請專利後，在其原有事業內繼續利

1　參照臺灣桃園地方法院87年度自字第215號刑事判決。現專利法已除罪化，惟此準用第57條於民事侵權行爲，仍有參考之價值。本教材所選用之刑事判決，亦係基於此想法，故不再一一註明，請留意之。

2　參照臺灣板橋地方法院83年度易字第4407號刑事判決。

用該項專利者，專利權人不得主張爲侵害其專利權。因此，實務上除上述兩例以外，亦不乏類似案例，認爲甲公司所製造、販賣之「易於裝卸與調整之新穎門簾構」，其發展共分二階段，而乙所指訴者即爲第二代構造，查該第二代構造即於乙取得專利權前之2006年10月間即已開模量產，另並早於乙申請專利前即已量產銷售，因此甲公司所製造之第二代「易於裝卸與調整之新穎門簾構造」，並無僞造、仿造乙之本件專利產品，依專利法第108條規定準用第57條第1項第2款規定意旨，應准許甲公司得繼續使用該第二代之門簾構造，甲並無侵害乙專利權之情形[3]。

▲實例問題

◎繼續使用權（特別是先使用權）問題

臺灣高等法院91年度上易字第2480號刑事判決：「發明專利權之效力不及於申請前已在國內使用或已完成必須之準備者，專利法第五十七條第一項第二款定有明文，依同法第一百零五條規定準用於新型專利。本件關於新型專利第一七○○六五號『防噪音耳罩之改良結構』部分，自訴人主張之新型專利範圍在於該頭圈之圓弧部與扣持部間之外突弧部的內緣，係設有一連接於該內緣弧部之加強肋，以增加其內拗強度，俾於耳罩配戴時，達到夾緊要求，提高隔音之效果。故此項專利之重要特徵在於耳罩頭圈內緣弧面之『加強肋』裝置，惟被告於原審、本院訊問時辯稱其產品在自訴人申請專利前即在市面上

[3] 參照臺灣新竹地方法院83年度自字第36號刑事判決。

流通出售，在歐洲及英國尚且申請CE認證等語。故本件首應查明者即係自訴人在申請專利前，被告之產品是否已在國內使用或已完成必須之準備。」

法院判決認為：「有關新型專利第一七○○六五號『防噪音耳罩之改良結構』部分，被告經營之合○公司所生產具有『加強肋』之『A一六一五』型產品，於自訴人申請專利前已在國內使用，依專利法第五十七條第一項第二款、第一百零五條規定，該專利權之效力不及被告合○公司之產品。有關新型專利第一五九七四五號『網狀防護罩之射出模具結構』部分，被告並無侵害自訴人之專利。」（按：此係專利法未全面除罪化之案件，請留意其法理即可）。

二、專利權之效力及例外規定

2011年修正之專利法第59條至第61條乃規定專利權效力不及之例外規定，其中新增第60條，乃將藥事法第40條之2第5項針對新藥專利期間進行試驗作為發展學名藥之準備之規定，回歸專利法明定，以杜爭議。

三、強制授權

為因應加入WTO，我國專利法有關強制授權規定，分別於1993、1997及2003年分別修正，以使其與WTO/TRIPS規定一致。之後，歷經2004年關於荷蘭商皇家飛利浦（Philips）公司CD-R與美商吉李德（Gilead）公司克流感（Tamiflu）強制授權兩案[4]之後，面對外界之關切，於2011年再度全面性修正專利法相關強制授權法制（參照經濟部智慧財產局編修「110年6月版專利法逐條釋義」第87條部分）[5]。

2011年修正前，原受日本法影響之用語「特許實施」，改稱強制授權。依專利法第87條規定：「爲因應國家緊急危難或其他重大緊急情況，專利專責機關應依緊急命令或中央目的事業主管機關之通知，強制授權所需專利權，並儘速通知專利權人。有下列情事之一，而有強制授權之必要者，專利專責機關得依申請強制授權：

一、增進公益之非營利實施。

二、發明或新型專利權之實施，將不可避免侵害在前之發明或新型專利權，且較該在前之發明或新型專利權具相當經濟意義之重要技術改良。

三、專利權人有限制競爭或不公平競爭之情事，經法院判決或行政院公平交易委員會處分。

就半導體技術專利申請強制授權者，以有前項第一款或第三款之情事者爲限。

專利權經依第二項第一款或第二款規定申請強制授權者，以申請人曾以合理之商業條件在相當期間內仍不能協議授權者爲限。

[4] 參照荷蘭皇家飛利浦股份有限公司CD-R強制授權案（經濟部智慧財產局93年7月26日智法字第0931860050號審定書）及美商吉李德科學股份有限公司克流感（Tamiflu）強制授權案（經濟部智慧財產局94年12月8日智法字第09418601140號審定書）（參照經濟部智慧財產局編修「110年6月版專利法逐條釋義」第87條部分）。

[5] 參照https://www.tipo.gov.tw/tw/cp-85-893221-0131c-1.html（最後瀏覽日期：2022年4月13日）。

專利權經依第二項第二款規定申請強制授權者，其專利權人得提出合理條件，請求就申請人之專利權強制授權。」

前述專利法規定，係以1994年專利法修正為基礎，該次修正係參考TRIPS第31條，明定得申請強制授權之事由，包括國家緊急情況、增進公益之非營利使用、申請人曾以合理之商業條件在相當期間內仍不能協議授權、違反公平競爭以及再發明專利等五項。惟實務及學理上因發生TRIPS第31條之內容之適用及解釋上疑義，於是2013年修正施行專利法第87條規定，將舊專利法規定強制授權之申請原則，修正為對於相關行政主管機關因國家緊急危難或其他重大緊急情況而須強制授權之情況，區分強制授權不同之事由及要件，因而適用不同之處理程序。於因應國家緊急危難或其他重大緊急情況而強制授權時，專利專責機關應依緊急命令或需用專利權之中央目的事業主管機關之通知而強制授權所需用之專利權，對於「國家緊急危難或其他重大緊急情況」之要件不再作實質之認定，而悉依緊急命令及需用專利權機關之中央目的事業主管之通知，專利專責機關並應於強制授權後，儘速通知專利權人。至於第87條第2項規定之得依申請強制授權之各款情事，仍須經專利專責機關認定有強制授權之必要時，始得准許該申請案予以強制授權。

在法條文義之修正方面，依據TRIPS第31條第1款規定，申請在後之專利權得請求強制授權在前之專利權者，須符合三要件：(一)在後之專利於實施時將不可避免侵害在其之前申請之專利權；(二)在後之專利較在其前申請之專利具相當經濟意義之重要技術改良；(三)在前之專利權人不同意授權予在後之專利權人。此次修正參考前述TRIPS規定，將可專利有關強制授權規定之文義更爲明確[6]。此一增修，未來在實務上適用強制授權，宜留意其要件上之限制。

在強制授權申請及廢止程序上，依專利法施行細則第77條規定，申請專利權之強制授權者，應備具申請書，載明申請理由，並檢附詳細之實施計畫書及相關證明文件。惟申請廢止專利權之強制授權者，應備具申請書，載明申請廢止之事由，並檢附證明文件。又同細則第78條規定，依本法第88條第2項規定，強制授權之實施，應以供應國內市場需要爲主者，專利專責機關應於核准強制授權之審定書內載明被授權人應以適當方式揭露強制授權之實施情況、製造產品數量及產品流向等事項。

[6] 於此有關2013年施行之強制授權規定之修正緣由，參照經濟部智慧財產局網頁（http://www.tipo.gov.tw）之立法院於2011年11月29日三讀通過「專利法」修正案之專利法修正總說明及條文對照表。

|第八章|
專利權之舉發撤銷與當然消滅

一、專利權之舉發撤銷

專利權之撤銷方式，包括專利專責機關依職權撤銷或舉發撤銷。2011年修正第71條（舊法第67條）時，因專利權之撤銷，應係以提起舉發，由兩造當事人進行攻擊防禦爲原則，不應由專利專責機關發動，於是參考德、日、韓及中國大陸等立法例，且修正納入同一專利權有多件舉發案者，得合併審查，及增訂依職權探知制度，明定專利專責機關在舉發範圍內，得依職權審查舉發人未提出之理由及證據等規定，不受當事人主張之拘束，可資補充舉發案當事人主張之不足，因此，刪除「依職權撤銷」規定，而廢除依職權審查制度。

專利法第71條規定：「發明專利權有下列情事之一，任何人得向專利專責機關提起舉發：

一、違反第二十一條（不符發明定義）、第二十二條（發明不具產業利用性、新穎性或進步性）、第二十三條（發明不具擬制新穎性）、第二十四條（發明爲屬法定不予專利之項目）、第二十六條（不符發明說明書記載要件）、第三十一條（違反先申請原則、禁止重複授予專利權之原則）、第三十二條第一項、第三項、第三十四條第四項、第六項前段、第四十三條第二項、第四十四條第二項、第三項、第六十七條第二項至第四項或第一百零八條第三項規定者。

二、專利權人所屬國家對中華民國國民申請專利不予受理者。
三、違反第十二條第一項規定或發明專利權人爲非發明專利申請權人。

以前項第三款情事提起舉發者，限於利害關係人始得爲之。

發明專利權得提起舉發之情事，依其核准審定時之規定。但以違反第三十四條第四項、第六項前段、第四十三條第二項、第六十七條第二項、第四項或第一百零八條第三項規定之情事，提起舉發者，依舉發時之規定。」

專利法設有「舉發」，係爲調和專利權人與公衆之利益，將之作爲公衆輔助審查制度，以期藉公衆之協助，使專利專責機關就公告之專利案，得有再予檢視之機會，讓專利權之授予，更臻正確無誤。且依智慧財產案件審理法第16條規定，審理智慧財產訴訟之民事法院於民事侵權訴訟中應就專利權有無應撤銷原因之爭點進行實質判斷，雖判決確定結果僅對個案具有拘束效力，但經舉發撤銷專利權確定者，其專利權效力視爲自始不存在，於此其發生對世之效力。又專利法於100年11月29日全盤修正時，爲健全舉發制度，增修有關逐項舉發、合併審查（如第77條有關舉發更正合併審查及第78條第1項有關數舉發案合併審查等規定）、合併審定（如依前開規定合併審查之舉發案，得合併審定（參照第78條第2項）等規定（經濟部智慧財產局編修「110年6月版專利法逐條釋義」第71條以下規定）[1]。

[1] 參照https://www.tipo.gov.tw/tw/cp-85-893221-0131c-1.html（最後瀏覽日期：2022年4月12日）。

如從專利要件之舉發撤銷案件而言，智慧財產法院曾判決認爲，按發明，指利用自然法則之技術思想之創作，專利法第21條定有明文。又發明爲其所屬技術領域中具有通常知識者依申請前之先前技術所能輕易完成時，不得依專利法申請取得發明專利，同法第22條第2項亦有明文。而發明有違反第22條第2項規定之情事者，任何人得附具證據，向專利專責機關提起舉發（參照同法第67條第1項第1款、第2項規定）。準此，系爭專利有無違反同法第22條第2項所定情事而應撤銷其發明專利權，依法應由舉發人（即參加人）附具證據證明之[2]。

如具備前述法定舉發事由，除發明概念（標的）（利用自然法則之技術思想之創作）、新穎性及產業利用性要件（專利法第21條、第22條第1項前段）不符情事外，發明如爲「爲其所屬技術領域中具有通常知識者依申請前之先前技術所能輕易完成時」（進步性），仍不得取得發明專利（同法第22條第2項規定）。對於獲准專利權之發明，任何人認有違反前揭專利法之規定者，依同法第71條第1項、第73條第1項規定，得附具證據，向專利專責機關舉發之。

法院於舉發專利撤銷事件之個案審理時，如經比對系爭專利之請求項，該相關證據足以證明系爭專利請求項之部分或全部不具進步性，則可認該請求項之部分或全部舉發成立，而認有理由，而予撤銷該獲准之專利（參照智慧財產及商業法院110年度行專訴字第31號判決）反之，如針對相關證據之組合，足以證明系爭專利全部請求項皆不具進步性，法院如認爲

---

[2] 參照智慧財產法院103年度行專訴字第42號判決。

系爭專利上開請求項違反核准時專利法第22條第2項規定所爲之原審定或決定，並無違法，是就（原告）訴請撤銷訴願決定及原處分關於「請求項0至00舉發成立」部分，認其無理由，而予駁回（參照智慧財產及商業法院110年度行專訴字第44號判決）。

108年4月16日修正（108年11月1日施行）修正專利法第71條規定，發明專利核准審定後所爲分割，如違反修正條文第34條第6項前段規定者，與原申請案間可能造成重複專利，應爲舉發事由，任何人亦得向專利專責機關提起舉發。又如違反發明專利核准審定後所爲分割，可能造成與原申請案間重複專利，此舉發事由應屬本質事項違反，故應適用舉發時規定。

對專利舉發撤銷之提起，通常以專利權存在爲前提。惟例外情形，因專利舉發程序之提起，往往伴隨專利侵權訴訟案件，在專利權是否存在撤銷事由，對於專利訴訟利害關係人而言，仍有其實益存在。依專利法第72條規定，利害關係人對於專利權之撤銷，有可回復之法律上利益者，得於專利權當然消滅（包含等）後，提起舉發[3]。此所謂專利權當然消滅，除包含專利權期滿時，自期滿之次日消滅者外，其他如專利權人死亡而無繼承人；如無第18條第2項規定回復原狀之情事，而

[3] 參照司法院釋字第213號解釋，行政法院27年判字第28號及30年判字第16號判例，係因撤銷行政處分爲目的之訴訟，乃以行政處分之存在爲前提，如在起訴時或訴訟進行中，該處分事實上已不存在時，自無提起或續行訴訟之必要；首開判例，於此範圍內，與憲法保障人民訴訟權之規定，自無牴觸。惟行政處分因期間之經過或其他事由而失效者，如當事人因該處分之撤銷而有可回復之法律上利益時，仍應許其提起或續行訴訟，前開判例於此情形，應不再援用。

專利年費未於補繳期限屆滿前繳納者，自原繳費期限屆滿之次日消滅，以及專利權人拋棄時，自其書面表示之日消滅者，以上均構成當然消滅之事由（參照專利法第70條）。因此，例外允許對已消滅之專利權，在一定要件下，得對之提起舉發，以撤銷其專利權。

在新型專利方面，參照專利法第119條規定：「新型專利權有下列情事之一，任何人得向專利專責機關提起舉發：

一、違反第一百零四條、第一百零五條、第一百零八條第三項、第一百十條第二項、第一百二十條準用第二十二條、第一百二十條準用第二十三條、第一百二十條準用第二十六條、第一百二十條準用第三十一條、第一百二十條準用第三十四條第四項、第六項前段、第一百二十條準用第四十三條第二項、第一百二十條準用第四十四條第三項、第一百二十條準用第六十七條第二項至第四項規定者。

二、專利權人所屬國家對中華民國國民申請專利不予受理者。

三、違反第十二條第一項規定或新型專利權人爲非新型專利申請權人者。

以前項第三款情事提起舉發者，限於利害關係人始得爲之。

新型專利權得提起舉發之情事，依其核准處分時之規定。但以違反第一百零八條第三項、第一百二十條準用第三十四條第四項、第六項前段、第一百二十條準用第四十三條第二項或第一百二十條準用第六十七條第二項、第四項規定之情事，提起舉發者，依舉發時之規定。

舉發審定書，應由專利審查人員具名。」

108年4月16日（108年11月1日施行）修正專利法前開第119條規定之理由，其係因放寬就新型專利申請案亦得於核准處分後申請分割，配合修正前述第34條第6項，新型專利核准處分後所為分割，如違反第120條準用第34條第6項前段規定者，亦應為舉發事由。又因違反第120條準用第34條第6項前段規定之分割案，與原申請案間可能造成重複專利，此舉發事由應屬本質事項，故應適用舉發時之規定。以上修正，於發明及新型舉發時，應予注意。

按新型專利權，係由專利申請權人備具申請書、說明書、申請專利範圍、摘要及圖式，向專利專責機關申請，經專利專責機關形式審查，如認無不予專利之情事者，應予專利，並應將申請專利範圍及圖式公告之，並依法定程序完成後發給證書（參照專利法第106條、第111條、第113條、第120條準用第52條第1項、第2項規定）。是新型專利權，為專利專責機關本於行政權作用所核准。審理智慧財產事件之民事法院對於行政權之行使，僅得為適法之監督。民事法院縱依智慧財產案件審理細則第2條第2款規定，得於專利權權利歸屬或其申請權歸屬爭議事件，自為判斷專利權有無應撤銷或廢止之原因，該自為判斷仍應居於補充地位，無權就專利權逕行予以撤銷或廢止（參照最高法院109年度台上字第2155號民事判決）。

在設計專利方面，參照專利法第141條規定：「設計專利權有下列情事之一，任何人得向專利專責機關提起舉發：

一、違反第一百二十一條至第一百二十四條、第一百二十六條、第一百二十七條、第一百二十八條第一項至第三項、第一百三十一條第三項、第一百三十二條第三項、第一百三十三條第二項、第一百三十九條第二項至第四項、第一百四十二條第一項準用第三十四條第四項、第一百四十二條第一項準用第四十三條第二項、第一百四十二條第一項準用第四十四條第三項規定者。

二、專利權人所屬國家對中華民國國民申請專利不予受理者。

三、違反第十二條第一項規定或設計專利權人爲非設計專利申請權人者。

以前項第三款情事提起舉發者，限於利害關係人始得爲之。

設計專利權得提起舉發之情事，依其核准審定時之規定。但以違反第一百三十一條第三項、第一百三十二條第三項、第一百三十九條第二項、第四項、第一百四十二條第一項準用第三十四條第四項或第一百四十二條第一項準用第四十三條第二項規定之情事，提起舉發者，依舉發時之規定。」

二、專利權之當然消滅

專利權之消滅原因，如符合專利法第70條規定原因發生時，發明專利權當然消滅，原則上不待專利之專責機關通知或其他附加條件之配合。其消滅原因有如：

(一) 專利權保護期滿

專利權期滿時，自期滿之次日消滅。換言之，專利權期間一旦屆滿，專利權自期滿之次日當然消滅，即成爲公共財或公共所有（public domain），公衆均可加以利用。

(二) 無人繼承專利權

專利權人死亡，無人主張其爲繼承人者，屬於公共所有。此與民法第1185條規定，第1178條所定之期限屆滿[4]，無繼承人承認繼承時，其遺產於清償債權並交付遺贈物後，如有賸餘，歸屬國庫，兩者不同。

(三) 逾期未繳納專利年費

第二年以後之專利年費未於補繳期限屆滿前繳納者，自原繳費期限屆滿之次日消滅。

(四) 專利權人拋棄時，自其書面表示之日消滅

專利權人非因故意，未於第94條第1項所定期限補繳者，得於期限屆滿後1年內，申請回復專利權，並繳納三倍之專利年費後，由專利專責機關公告之。

專利權消滅後，原專利權人濫用權利，可能衍生其他法律責任。例如某甲明知其所經營之公司與乙就窗簾產品之製造、販賣於市場上處於競爭關係，且該公司先前取得核准之新型專利，因逾專利年費補繳期限，專利權當然消滅，竟於重行申請專利期間，以存證信函指述乙侵害其專利權，要求銷售商將乙

[4] 參照民法第1177條規定，繼承開始時，繼承人之有無不明者，由親屬會議於一個月內選定遺產管理人，並將繼承開始及選定遺產管理人之事由，向法院報明。第1178條規定，親屬會議依前條規定爲報明後，法院應依公示催告程序，定6個月以上之期限，公告繼承人，命其於期限內承認繼承。

之產品下架，其顯有指摘足以毀損他人名譽之事，且違反公平交易法關於事業不得為競爭之目的，而陳述或散布足以損害他人營業信譽之不實情事，已違反公平交易法第24條之規定，應依同法第37條第1項規定處斷[5]，及犯刑法第310條第2項之加重誹謗罪[6]。

▲實例問題

1. 函知原告專利權消滅之事由係屬單純之意思通知而非行政處分

最高行政法院63年裁字第289號判例：「原告應繳之專利年費未於規定期限內繳納，復未於期限後六個月內補繳，則其專利權於原繳費期限屆滿之日即告消滅，此係專利法第五十九條第三款所明定，非因被告官署行政處分所生之效果。其函知原告專利權消滅之事由，僅屬單純之意思通知，而非行政處分，自不得為行政訴訟之標的。」

2.（舊法）年費繳納與專利權之消滅

最高行政法院87年度判字第18號判決：「按新型專利年費自公告之日起算，第一年應於專利權審查確定後，由專利專責機關通知申請人限期繳納，第二年以後應於屆滿前繳納之。

---

[5] 參照公平交易法第37條規定，違反第24條規定者，處行為人2年以下有期徒刑、拘役或科或併科新臺幣5,000萬元以下罰金。法人之代表人、代理人、受僱人或其他從業人員，因執行業務違反第24條規定者，除依前項規定處罰其行為人外，對該法人亦科處前項之罰金。前二項之罪，須告訴乃論。第38條規定，第34條之處罰，其他法律有較重之規定者，從其規定。

[6] 參照臺灣苗栗地方法院94年度自字第12號刑事判決。

新型專利年費之繳納，任何人均得為之。未於應繳納專利年費之期間內繳費者，得於期滿六個月補繳之。但其年費應按規定之年費加倍繳納。專利年費逾補繳期而仍不繳費時，專利權自原繳費期限屆滿之次日消滅，為專利法第一百零五條準用第八十五條第一項、第八十六條及第七十條第三款前段所規定。本件被告以原告未依限繳納年費，又未於期滿後六個月內加倍補繳，依專利法第一百零五條準用第七十條第三款規定，專利權自始當然消滅。原告訴稱：原告無意放棄本案，原告未依限繳納證書費及第一年年費非原告所蓄意致使；國外立法例應許原告補繳年費云云。惟查被告審查本案准予專利，公告於八十四年十一月一日出版之專利公報，有該公報影本附原處分卷可稽，嗣公告期滿審查確定後，被告旋以八十五年二月七日標專甲字第一〇一八八四九號函致原告，促於文到次日起三十日內繳納專利證書費及第一年年費，原告遲至八十五年十一月二日始向被告申請繳納年費，有上開函及掛號函件存根，原告申請函附同上案卷可查，原告之申請已逾專利法第八十六條所定六個月加倍補償期限，被告函知原告本件專利權自公告之日消滅，即無不合。又上開因逾限繳費，致生失權之效果，並不以蓄意所致為要件，原告主張非其蓄意所致一節，尚難資為其有利之認定。再我國專利法第十八條第一項但書所稱之納費，依立法說明三、所示，不包括同法第七十條逾限未繳年費之情形在內，即無專利法第十八條第一項但書之適用。原告所訴各節均無可採。原處分揆諸首揭規定洵無違誤。一再訴願決定遞予維持，俱無不妥。原告起訴論旨，非有理由，應予駁回。」

第九章
專利權之變動

一、專利權變動效力與登記對抗要件

專利權具有財產性質，可以於市場上交易流通。專利權除可以繼承、設定質權而向債權人融資以外，一般可為讓與（assignment）與授權（licensing）。

發明專利權讓與、信託或授權他人實施時，雖不以登記爲其生效要件，但如非經向經濟部智慧財產局登記，不得對抗第三人。意即，專利權讓與、授權不以登記爲生效要件，讓與或授權契約當事人間，於意思表示合致時即已生效，至於對第三人之效力，則非經登記不得對抗，按此之登記，係以專利專責機關准予登記之日爲準。[1]

此所稱之非經登記不得對抗第三人，最高法院判決曾著有判決認爲，其係指於第三人侵害其專利權時，若未經登記，則專利受讓人不得對侵害者主張其權利；但在當事人間，由於登記並非契約之生效要件，因此，當事人間之專利權讓與仍發生其效力，對於當事人仍有拘束力，甚至對於權利之繼受者亦有其拘束力，亦即繼受人不得以未經登記爲理由，對抗原受讓人，主張其未有效取得專利權之讓與[2]。

---

[1] 參照經濟部智慧財產局90年3月28日智法字第09086000310號函。

[2] 參照最高法院96年度台上字第1658號民事判決。

專利法採取登記對抗要件，而非登記生效要件，如此將使專利權取得時點及對抗之對象等問題，須要進一步認定或解釋。採取登記生效或不須登記而繼受取得專利權，其法律關係變動之判斷上似較簡明。在對抗之對象，不宜包括侵權行爲人（即所謂不法行爲之侵害人），而僅係爲避免雙重讓與或專屬授權時，如無登記，即不得對抗同樣未經登記之他受讓與人或被授權人。因此，前述實務上過度擴張對抗對象，似有商榷餘地。

二、專利權之讓與

讓與，則係將權利移轉於受讓人，之後將無法再回復予原讓與人。但第62條規定，非經向專利專責機關登記，不得對抗第三人。

專利權之讓與，依1960年5月12日修正專利法第49條「專利權之讓與，應由各當事人署名，附具契約申請專利局換發證書」規定，固應由各當事人署名，附具契約申請專利局換發證書。惟實務上對於讓與效力何時發生，亦發生疑義。因此，最高法院曾著有判決認爲，此並非讓與之生效要件。苟讓與人與受讓人互相表示意思一致者，其讓與契約即爲成立。且因而發生讓與之效力，縱未向主管機關登記並取得新證書，亦不影響於讓與之效力。而專利權人將其專利付與他人實施，並非專利權之讓與，無須依照上開規定辦理[3]。

[3] 參照最高法院72年度台上字第736號民事判決。

1994年1月21日修正專利法第63條：「發明專利權之讓與，應由各當事人署名，附具契約，向專利專責機關申請換發證書。專利專責機關核准前項讓與後，應將讓與事項登記於專利權簿。」此舊時期之法律差異，宜比較之。

舊專利法施行細則第40條第1項規定，申請專利權讓與登記換發證書者，應由原專利權人或受讓人備具申請書及專利證書，並檢附讓與契約或讓與證明文件。

三、專利權之授權及再授權

授權尚包括約定授權與強制授權（舊法稱特許實施）等。約定授權包括專屬授權（exclusive licensing）與非專屬授權（non-exclusive licensing）。所謂專屬授權，係指於授權契約中，特別約定專利權人不得再授權第三人以同一方法，利用該創作。如有此特約，認爲利用人就目的之範圍內，爲創作之獨占利用。例如甲與乙訂定專利物品之製造權專屬授權契約時，甲（專利權人或稱專屬人）除乙以外，不得再授權他人就同一權利（即製造權）的利用，如甲不遵守契約之約定，則乙可依債務不履行理由，請求損害賠償。至於非專屬授權（或稱單純授權），指如未有前揭特約而爲授權，此時不禁止授權人本身之利用或再授權其他人之利用者。例如甲與乙間契約，如係非專屬授權關係，甲仍可對於乙以外之人再授權，乙就此不得異議。

依第62條規定，授權非經向專利專責機關登記，不得對抗第三人。前項授權，得爲專屬授權或非專屬授權。專屬被授權人在被授權範圍內，排除發明專利權人及第三人實施該發明。發明專利權人爲擔保數債權，就同一專利權設定數質權者，其次序依登記之先後定之。但此所稱授權，包括專屬授權固無問題，惟非專屬授權僅有利用權，卻無對抗他人之禁止效力，似不必要求登記爲是。

申請專利權授權登記者，依專利法施行細則第65條規定，應由專利權人或被授權人備具申請書，並檢附其授權契約或證明文件。該授權契約或證明文件，應載明發明、新型或設計名稱或其專利證書號數，及授權種類、內容、地域及期間。此所謂授權期間，以專利權期間爲限。又專利權人就部分請求項授權他人實施者，前項之授權內容應載明其請求項次。

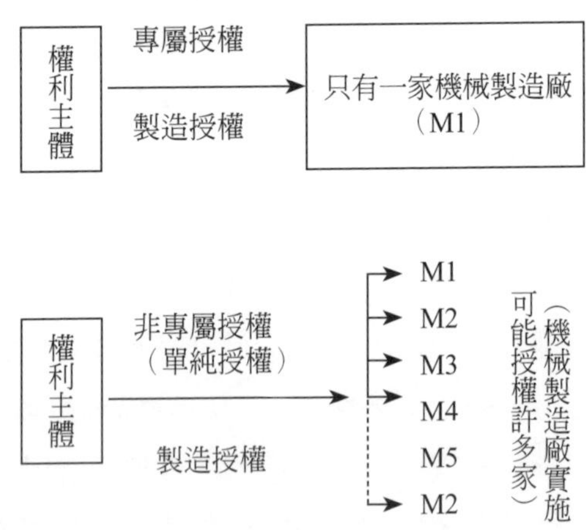

有關再授權，依專利法第63條規定，專屬被授權人得將其被授予之權利再授權第三人實施。但契約另有約定者，從其約定。非專屬被授權人非經發明專利權人或專屬被授權人同意，不得將其被授予之權利再授權第三人實施。再授權，非經向專利專責機關登記，不得對抗第三人。

▲實例問題

◎專利權之授權，過去用語是「專利權之使用契約」

1. 最高行政法院59年判字第470號判例：「本件契約訂明原告等僅在中華民國等二十個國家取得發明之專利權益，至於美國、加拿大及契約列舉以外之國家，默○藥廠仍保持其發明之權益，依此約定，可知默○藥廠並未因訂立該契約而喪失其發明之所有權，原告等所取得者，僅爲特定地區使用此項發明之專利權而已，故該契約名曰買賣契約而其性質實屬專利權之使用契約，從而原告等付與默○藥廠之美金五十萬，自爲所得稅法第八條第六款所定使用專利權之權利金，而非買賣之價金。」
2. 最高行政法院58年判字第264號判例：「原告與美國聯合化學公司間所訂工程合約，該公司將其秘密方法及技術讓與原告在臺灣應用製造，但該公司仍保有此項秘密方法及技術，此與買賣之效果使財產權變易其主體之情形不同。是該聯合公司讓與原告此項秘密方法及技術資料，僅係提供原告使用而取得一定報酬，係屬權利金，而非買賣之價金。」

四、專利權之繼承

依第6條規定：「專利申請權及專利權，均得讓與或繼承。」專利申請權及專利權具有讓與性質，可作爲繼承之標的

（參照民法第1148條[4]）。

申請專利權繼承登記換發專利證書者，應備具申請書，並檢附死亡與繼承證明文件及專利證書。

五、專利權之信託

我國過去無制定信託法之時，仰賴最高法院判例承認信託制度。現已有信託法，專利權也可作爲信託之標的，增加一個專利權交易之類型。但第62條第1項規定，信託非經向專利專責機關登記，不得對抗第三人。

申請專利權信託登記換發證書者，應由原專利權人或受託人備具申請書及專利證書，並檢附下列文件：

(一) 申請專利權信託登記者，其信託契約或證明文件。

(二) 信託關係消滅，專利權由委託人取得時，申請專利權信託塗銷登記者，其信託契約或信託關係消滅證明文件。

(三) 信託關係消滅，專利權歸屬於第三人時，申請專利權信託歸屬登記者，其信託契約或信託歸屬證明文件。

(四) 申請專利權信託登記其他變更事項者，其變更證明文件。

六、專利權之設定質權

專利權具有可讓與性質，依民法第900條規定，得可設定

---

4 參照民法第1148條規定，繼承人自繼承開始時，除本法另有規定外，承受被繼承人財產上之一切權利、義務。但權利、義務專屬於被繼承人本身者，不在此限。繼承人對於被繼承人之債務，以因繼承所得遺產爲限，負清償責任。

專利權之權利質權，但專利法第6條第2項規定，專利申請權不得為權利質權之標的。

申請專利權之質權設定登記者，應由專利權人或質權人備具申請書及專利證書，並檢附下列文件：

(一) 專利權之質權設定登記者，其質權設定契約。

(二) 質權變更登記者，其變更證明文件。

(三) 質權消滅登記者，其債權清償證明文件或各當事人同意塗銷質權設定之證明文件。

前述第1款質權設定契約，應載明發明、新型名稱或設計名稱、專利證書號數、債權金額；其質權設定期間，以專利權期間為限。

為專利權之質權設定登記時，經濟部智慧財產局應將有關事項加註於專利證書及專利權簿。

七、專利權之拋棄

專利權拋棄，如前所述，發生當然消滅效力，但不須登記，其性質上屬於單獨法律行為，因書面表示之日，發生消滅之效力。

第十章 專利權期間之延長及專利法過渡規定

專利法之修正，因制度改變，導致專利法適用之問題。從舊法有關修正時過渡規定，例如新型專利改採形式審查。專利法對於新實體制度之變革，原則採取不溯及既往，或廢止制度而尚未確定，原則上繼續適用舊法。至於程序規定，則採程序從新原則。至於2013年1月1日修正施行之專利法，因有不少修正，在新舊法適用上之過渡期間，亦應加以注意其何時之有效法律規定。

智慧權之保護期間，除商標註冊10年可能延展（即所謂潛在永久權）及營業秘密等例外情形外，原則上具有權利期間之有限性（發明專利原則上20年[1]、新型專利10年[2]及設計15年[3]等）。在延長專利權期間方面，依第154條規定：「本法中華民國一百年十一月二十九日修正之條文施行前，已提出之延長發明專利權期間申請案，於修正施行後尚未審定，且其發明專利權仍存續者，適用修正施行後之規定。」

2013年修正施行之專利法，規定比舊法更加詳細，主要可分爲三種類型：已審定案件、尚未審定案件與新案件。

---

[1] 專利法第52條第3項規定，發明專利權期限，自申請日起算20年屆滿。

[2] 專利法第114條規定，新型專利權期限，自申請日起算10年屆滿。

[3] 民國108年4月16日修正（108年11月1日施行）專利法第135條規定，經參考設計專利保護期限之國際立法例，將設計專利權期限，從12年延長爲15年，即自申請日起算15年屆滿；衍生設計專利權期限與原設計專利權期限同時屆滿。

已審定案件，適用新法者，例如分割申請。已審定案件，適用舊法者，例如專利權自始不存在及當然消滅者。

民國108年4月16日修正（108年11月1日施行）專利法時，另增訂第157條之2規定，中華民國108年4月16日修正之條文施行前，尚未審定之專利申請案，其後續之審查程序以適用新法為原則，除本法另有規定外，適用修正施行後之規定。藉以落實新法促進審查效能之目的，且依修正條文第73條第4項規定，本次修正施行前提起之舉發案，自舉發後尚未逾3個月者，舉發人依修正後之規定，仍可補提理由或證據。且本法本次修正施行前舉發人已補提之理由或證據，在舉發審定前仍應審酌之，故於修正施行前補提之理由或證據，並不受修正條文第73條第4項3個月期間之限制，專利專責機關仍應予以審酌。同時增訂第157條之3規定，本法中華民國108年4月16日修正之條文施行前，已審定或處分之專利申請案，尚未逾第34條第2項第2款、第107條第2項第2款規定之期間者，即於核准審定或處分後得申請分割之期間，應使申請人有提出分割申請之機會，故可適用修正施行後之規定。另增訂第157條之4規定，本法中華民國108年4月16日修正之條文施行之日，設計專利權仍存續者，為因應修正條文第135條放寬設計專利權期限自申請日起算15年屆滿，故將其專利權期限，得以適用修正施行後之規定。且本法中華民國108年4月16日修正之條文施行前，設計專利權因第142條第1項準用第70條第1項第3款規定之事由當然消滅，而於修正施行後準用同條第2項規定申請回復專利權者，因其回復之法律效果，係該設計專利權期間於修正施行之日仍屬存續狀態，依第1項規定應適用修正施行後之規定，其設計專利權期限爲15年，故爲明確其適用其專利權期限，明定其得以適用修正施行後之規定。

以上增訂過渡規定，在適用程序專利法時，更應注意其修正之新規定。

尚未審定案件，適用新法者，例如專利申請案、更正案、舉發案、先申請案尚未公告或不予專利之審定或處分尚未確定時之主張國內優先權、寄存證明文件之補正期間、補正優先權證明文件、申請回復優先權、延長專利申請案、新式樣改請部分設計、聯合新式樣改請衍生設計。尚未審定案件，適用舊法者，例如未審定之聯合新式樣續審。

新案件，適用新法者，例如電腦圖像及圖形化使用者介面設計、部分設計、衍生設計、成組設計、刊物發表主張優惠期。

有關適用新舊法之過渡規定，經濟部智慧財產局就2013年修正新規定表列其適用情形彙整，值得參考[4]。

◎未審定之專利申請案、更正案及舉發案

舊法第135條規定：「本法修正施行前，尚未審定之專利申請案，適用修正施行後之規定。」由於新法新型專利採形式審查後已無再審查程序，舊法於2004年7月1日施行，施行後尚未審定之新型專利再審查案，即屬未完成審定之案件，依前揭規定將改爲形式審查。2011年修正時，改規定於第149條：

4　經濟部智慧財產局就此新舊法律適用問題，製作「專利法新法規定過渡適用情形彙整表」，http://www.tipo.gov.tw/ch/AllInOne_Show.aspx?path=2769&guid=45f2e9ed-6a50-488e- 8514-47a78e3cc320&lang=zh-tw（最後瀏覽日期：2013年1月13日）。

「本法中華民國一百年十一月二十九日修正之條文施行前，尚未審定之專利申請案，除本法另有規定外，適用修正施行後之規定。本法中華民國一百年十一月二十九日修正之條文施行前，尚未審定之更正案及舉發案，適用修正施行後之規定。」

實務上有關過渡時期之專利申請案之專利法適用問題，智慧財產法院判決曾認為，查系爭專利係於2000年12月4日申請，經審定核准專利後，於2002年10月1日公告，因此，系爭專利有無撤銷之原因，應以核准審定時即2001年專利法為斷，合先敘明。次按利用自然法則之技術思想之創作，且可供產業上利用之發明，得依2001年專利法第19條、第20條規定申請取得發明專利。又發明係運用申請前既有之技術或知識，而為熟習該項技術者所能輕易完成時，不得依同法申請取得發明專利，同法第20條第2項定有明文[5]。

實務上有關過渡時期之專利更正之專利法適用問題，智慧財產法院判決曾認為，按專利法於2012年2月3日修正，於2013年1月1日施行，關於專利之更正規定，於修正前專利法第64條第2項規定：「前項更正，不得超出申請時原說明書或圖式所揭露之範圍，且不得實質擴大或變更申請專利範圍。」於修正後變更條次為第67條第4項並修正其中部分內容為：「更正，不得實質擴大或變更公告時之申請專利範圍。」系爭專利於2006年11月10日申請，經被告於2009年12月21日公告准予專利，參加人嗣於2010年5月28日申請專利範圍更正，被告於2013年10月31日作成本件處分時，以參加人之申請更

[5] 參照智慧財產法院103年度行專更(一)字第2號判決。

正事項符合2013年1月1日施行之現行專利法第67條第1項第1款、第2款及第2項、第4項規定而准予更正，並依更正後內容審查。系爭專利經被告准予更正即告確定，而原處分係依更正後內容與原告之舉發證據比對審查，原告於起訴時再爭執系爭專利違反修正前專利法第64條第2項規定，智慧財產法院認為其不得再予論究；而系爭專利更正部分適用2013年1月1日施行之專利法規定[6]。

◎主張國內及國際優先權之發明或新型專利申請案、喪失優先權之專利申請案及寄存

第150條：「本法中華民國一百年十一月二十九日修正之條文施行前提出，且依修正前第二十九條規定主張優先權之發明或新型專利申請案，其先申請案尚未公告或不予專利之審定或處分尚未確定者，適用第三十條第一項規定。

本法中華民國一百年十一月二十九日修正之條文施行前已審定之發明專利申請案，未逾第三十四條第二項第二款規定之期間者，適用第三十四條第二項第二款及第六項規定。」

第153條：「本法中華民國一百年十一月二十九日修正之條文施行前，依修正前第二十八條第三項、第一百零八條準用第二十八條第三項、第一百二十九條第一項準用第二十八條第三項規定，以違反修正前第二十八條第一項、第一百零八條準用第二十八條第一項、第一百二十九條第一項準用第二十八條第一項規定喪失優先權之專利申請案，於修正施行後尚未審定或處分，且自最早之優先權日起，發明、新型專利申請案

6　參照智慧財產法院103年度行專訴字第42號判決。

仍在十六個月內，設計專利申請案仍在十個月內者，適用第二十九條第四項、第一百二十條準用第二十九條第四項、第一百四十二條第一項準用第二十九條第四項之規定。

本法中華民國一百年十一月二十九日修正之條文施行前，依修正前第二十八條第三項、第一百零八條準用第二十八條第三項、第一百二十九條第一項準用第二十八條第三項規定，以違反修正前第二十八條第二項、第一百零八條準用第二十八條第二項、第一百二十九條第一項準用第二十八條第二項規定喪失優先權之專利申請案，於修正施行後尚未審定或處分，且自最早之優先權日起，發明、新型專利申請案仍在十六個月內，設計專利申請案仍在十個月內者，適用第二十九條第二項、第一百二十條準用第二十九條第二項、第一百四十二條第一項準用第二十九條第二項之規定。」

第152條：「本法中華民國一百年十一月二十九日修正之條文施行前，違反修正前第三十條第二項規定，視為未寄存之發明專利申請案，於修正施行後尚未審定者，適用第二十七條第二項之規定；其有主張優先權，自最早之優先權日起仍在十六個月內者，適用第二十七條第三項之規定。」

◎有關物品之部分設計專利申請案

第151條：「第二十二條第三項第二款、第一百二十條準用第二十二條第三項第二款、第一百二十一條第一項有關物品之部分設計、第一百二十一條第二項、第一百二十二條第三項第一款、第一百二十七條、第一百二十九條第二項規定，於本法中華民國一百年十一月二十九日修正之條文施行後，提出之專利申請案，始適用之。」

第156條：「本法中華民國一百年十一月二十九日修正之條文施行前，尚未審定之新式樣專利申請案，申請人得於修正施行後三個月內，申請改為物品之部分設計專利申請案。」

◎專利權自始不存在及專利權當然消滅

第155條：「本法中華民國一百年十一月二十九日修正之條文施行前，有下列情事之一，不適用第五十二條第四項、第七十條第二項、第一百二十條準用第五十二條第四項、第一百二十條準用第七十條第二項、第一百四十二條第一項準用第五十二條第四項、第一百四十二條第一項準用第七十條第二項之規定：

一、依修正前第五十一條第一項、第一百零一條第一項或第一百十三條第一項規定已逾繳費期限，專利權自始不存在者。

二、依修正前第六十六條第三款、第一百零八條準用第六十六條第三款或第一百二十九條第一項準用第六十六條第三款規定，於本法修正施行前，專利權已當然消滅者。」

◎聯合新式樣專利及衍生設計專利申請案

第157條：「本法中華民國一百年十一月二十九日修正之條文施行前，尚未審定之聯合新式樣專利申請案，適用修正前有關聯合新式樣專利之規定。本法中華民國一百年十一月二十九日修正之條文施行前，尚未審定之聯合新式樣專利申請案，且於原新式樣專利公告前申請者，申請人得於修正施行後三個月內申請改為衍生設計專利申請案。」

參考文獻

一、中文書籍

1. 台灣總督府編纂，「台灣法令輯覽」，東京：帝國地方行政學會，1923年8月13日發行。
2. 何孝元，「工業所有權之研究」，三民，1991年。
3. 呂宗昕，「圖解奈米科技與光觸媒」，商周，2003年10月。
4. 宋光梁，「專利概論」，臺灣商務，1977年3版。
5. 李茂堂，「專利法實務」，健行文化，1997年。
6. 秦宏濟，「專利制度概論」，1945年重慶商務版，1988年台北重刊。
7. 曾陳明汝著、蔡明誠續著，「兩岸暨歐美專利法」，新學林，2009年1月修訂3版。
8. 楊崇森，「專利法理論與應用」，三民，2021年2月修訂5版1刷。
9. 經濟部智慧財產局，「93年專利行政訴訟裁判選輯」，2005年8月。
10. 經濟部智慧財產局編修，「專利法逐條釋義」，2005年3月。
11. 經濟部智慧財產局編修，「專利法逐條釋義」，2014年6月。
12. 經濟部智慧財產局編修，「專利法逐條釋義」，2021年6月版。
13. 劉國讚，「專利實務論」，元照，2009年4月。
14. 蔡明誠，「發明專利法研究」，臺大法學叢書，2000年。
15. 羅炳榮，「工業財產權叢論—Festo篇」，翰蘆經銷，2005年6月。
16. 羅麗珠，生物技術之專利保護，田蔚城主編，「生物技術的發展與應用」，九州，1997年。

17. 蘇良井編著，「最新商標專利法令判解實用」，自版，1974年。

二、外文書籍

1. L. Bently & B. Sherman, Intellectual Property Law, Oxford University Press (2009).
2. Busse, Patentgesetz, 6. Aufl., Berlin: De Gruyter Recht (2003).
3. Chisum/Jacobs, Understanding Intellectual Property Law, New York: Matthew Bender, §2C[1][c] (1996 Reprint).
4. Goldbach/Vogelsang-Wenke/Zimmer, Protection of Biotechno-Logical Matter under European and German Law: A handbook for Applicants, Weinheim; New York; Basel; Cambrigdge; Tokyo: VCH (1997).
5. Amy L. Landers, Understanding Patent Law, Lexisnexis (2018 3rd Ed.).
6. Rainer Moufang, Genetische Erfindungen im gewerblichen Rechtsschutz (1987).
7. Rudolf Kraßer/Ann, Patentrecht, Ein Lehr-und Handbuch, 7. Aufl., München: C. H. Beck (2016).
8. Janice M. Mueller, Patent Law, Aspen Publishers (2016, 5th ed.).
9. Susan K. Sell, Private Power, Public Law: The Globalization of Intellectual Property (2008).
10. Schulte, Patentgesetz mit EPUe, 7. Aufl., Köln. Berlin. München: Heymanns (2005).
11. 中山信弘，「特許法」，2019年8月30日4版1刷。
12. 佐伯とも子等，「知的財產基礎と活用」，東京：朝昌書店，2004年。

三、中文期刊論文

鄧曉芳，「醫療技術之公共利益V.S.生技醫療產業之發展——從日本特許廳擬承認醫療專利談醫療專利之利弊」，科技法律透析，第15卷第5期，2003年5月。

四、中文碩士論文

王凱玲，「生物技術發明之專利保護」，國立臺灣大學法律學研究所碩士論文。

五、外文期刊論文

Campbell, Randy L., Global Patent Law Harmonization: Benefits and Implementation, 13 Ind. Int'l & Comp. L. Rev. (2003).

六、其他

1. 我國專利法規大事紀，https://topic.tipo.gov.tw/patents-tw/cp-677-870124-576fc-101.html（最後瀏覽日期：2022年4月14日）。
2. 專利法修法專區，https://topic.tipo.gov.tw/patents-tw/lp-857-101.html（最後瀏覽日期：2022年4月14日）。
3. 專利法部分條文修正草案950510，http://www.tipo.gov.tw/patent/專利法部分條文修正草案950510（公聽版）.doc（最後瀏覽日期：2008年7月28日）。
4. 2013年專利法修正草案總說明、專利法修正草案條文對照表及專利法修正草案中英對照版，參照經濟部智慧財產局網站：http://www.tipo.gov.tw/ch/AllInOne_Show.aspx?path=2769&guid=45f2e9ed-6a50-488e-8514-a78e3cc320&lang=zh-tw（最後瀏覽日期：2012年7月30日）。

5. There's plenty of room at the bottom, http://www.zyvex.com/nanotech/feynman.html（最後瀏覽日期：2004年2月27日）。
6. 國際工業設計分類檢索，http://www.tipo.gov.tw/ch/IndustrialDesign.aspx（最後瀏覽日期：2012年8月4日）。
7. 發明專利早期公開制度，http://www.moeaipo.gov.tw/news/ShowNewsContent.asp?postnum=1845&from=news（最後瀏覽日期：2002年10月24日）。
8. Draft Substantive Patent Law Treaty, Draft Regulations under the Substantive Patent Law Treaty and Practice Guidelines under the Substantive Patent Law Treaty, available at http://www.wipo.int/documents/en/document/scp_ce/index_8.htm (last visited 2004/11/23).
9. Leahy-Smith America Invents Act, http://en.wikipedia. org/wiki/Leahy-Smith_America_Invents_Act (last visited 2012/8/5).

國家圖書館出版品預行編目資料

專利法／蔡明誠著. -- 五版. -- 臺北市：五南圖書出版股份有限公司, 2023.06
面； 公分
ISBN 978-626-366-220-9（平裝）

1.CST: 專利法規

440.61　　112009420

1UG1

專利法

作　　者 — 蔡明誠（371.5）
發 行 人 — 楊榮川
總 經 理 — 楊士清
總 編 輯 — 楊秀麗
副總編輯 — 劉靜芬
責任編輯 — 林佳瑩、李孝怡
封面設計 — 姚孝慈
出 版 者 — 五南圖書出版股份有限公司
地　　址：106台北市大安區和平東路二段339號4
電　　話：(02)2705-5066　傳　　真：(02)2706-6
網　　址：https://www.wunan.com.tw
電子郵件：wunan@wunan.com.tw
劃撥帳號：01068953
戶　　名：五南圖書出版股份有限公司

合作出版：智慧財產培訓學院
地　　址：106台北市大安區羅斯福路四段1號
電　　話：(02)2364-3500
網　　址：www.tipa.org.tw

法律顧問　林勝安律師

出版日期　2023年6月五版一刷
定　　價　新臺幣350元

經典永恆・名著常在

五十週年的獻禮——經典名著文庫

五南，五十年了，半個世紀，人生旅程的一大半，走過來了。
思索著，邁向百年的未來歷程，能為知識界、文化學術界作些什麼？
在速食文化的生態下，有什麼值得讓人雋永品味的？

歷代經典・當今名著，經過時間的洗禮，千錘百鍊，流傳至今，光芒耀人；
不僅使我們能領悟前人的智慧，同時也增深加廣我們思考的深度與視野。
我們決心投入巨資，有計畫的系統梳選，成立「經典名著文庫」，
希望收入古今中外思想性的、充滿睿智與獨見的經典、名著。
這是一項理想性的、永續性的巨大出版工程。
不在意讀者的眾寡，只考慮它的學術價值，力求完整展現先哲思想的軌跡；
為知識界開啟一片智慧之窗，營造一座百花綻放的世界文明公園，
任君遨遊、取菁吸蜜、嘉惠學子！